注射成型实用技术

● 田书竹　任长春　编著

化学工业出版社
·北京·

内 容 简 介

本书主要根据作者多年一线生产经验,将注塑相关技术及实际工作中遇到的常见疑难问题进行系统汇总和阐述,详细讲解了注塑材料的基本知识及在生产中应注意的问题、注塑机的结构、注塑机工艺参数的设定、试模操作及技术要点、不同机台试模参数的转换、塑料产品的常见缺陷及改善、注塑模具故障分析与防范、注塑机及模具的维护及保养、注塑车间管理、注塑件品质管理、塑料产品设计及报价等。

本书适合从事塑料产品设计、模具设计、注塑相关设计及生产人员参考,也可作为各大专院校材料及模具相关专业学生的学习资料。

图书在版编目(CIP)数据

注射成型实用技术/田书竹,任长春编著.—北京:化学工业出版社,2021.11
ISBN 978-7-122-40218-9

Ⅰ.①注… Ⅱ.①田…②任… Ⅲ.①注塑-塑料成型 Ⅳ.①TQ320.66

中国版本图书馆 CIP 数据核字(2021)第 222854 号

责任编辑:高　宁　仇志刚　　　　　　　　装帧设计:刘丽华
责任校对:边　涛

出版发行:化学工业出版社(北京市东城区青年湖南街13号　邮政编码100011)
印　　装:三河市延风印装有限公司
710mm×1000mm　1/16　印张14½　字数285千字　2021年11月北京第1版第1次印刷

购书咨询:010-64518888　　　　　　售后服务:010-64518899
网　　址:http://www.cip.com.cn
凡购买本书,如有缺损质量问题,本社销售中心负责调换。

定　　价:78.00元　　　　　　　　　　　　　　　　版权所有　违者必究

前言

注射成型是一种成熟的工艺，随着市场的不断细分、客户对品质要求的提高，塑料种类也在增多，促使注射成型技术不断地创新，对注塑车间管理、注塑品质也提出了更高的要求。

编写本书的主要目的是让注塑从业人员通过学习书中内容，比较系统地掌握注射成型所需要的知识和技能，使从业人员可以更加快速地把所学技能运用到注射成型的相关工作中去，降低从业人员的准入门槛。让热爱注塑技术的人少走弯路，为将来深入学习注塑技术打下良好基础。

本书适用人群：模具和注塑行业中的大部分从业人员，主要包括注塑工程师、试模工程师、注塑经理、注塑设备维修工程师、注塑报价工程师、塑料材料工程师、模具设计工程师、模具工程师、跟模工程师、品质工程师、项目工程师、产品研发工程师、产品设计师、注塑设备企业相关人员等，另外本书也可作为各大专院校学生的技术参考资料。

本书主要有以下特点：

① 对注射成型工作做了系统的框架结构讲解，按企业主要生产过程流程进行介绍，从塑料材料、注塑机结构、注塑工艺参数、试模过程、产品缺陷分析、注塑机辅助设备、模具及设备的维护与保养、生产与品质管理，到塑料产品报价——进行讲解，知识点具备全面性。根据企业的实际生产流程，形成完整并串接在一起的知识链，易于让读者学习和领悟。

② 部分章节，采用图文相结合的方式，通过书中的图片及描述，对注塑机结构、注塑设备等进行直观介绍，通俗易懂，可帮助读者达到较好的学习效果。

③ 注塑知识结构完整，重点突出。分别介绍了：塑料材料、注塑机结构、注塑工艺参数、塑料产品缺陷、注塑辅助设备、注塑品质管理、注塑车间管理、塑料产品报价，使读者能够全面掌握实用注射成型技术。

④ 收集了较实用的企业生产技术经验及常用标准表格，具

有一定的通用性，再结合作者的工作经验总结，融合注塑技术理论，使书中内容切合实际，值得模具、注塑、产品开发人员学习使用。

本书在编写过程中，参考了注塑制造企业的生产技术资料，感谢达明科技有限公司谢惠中先生提供的注塑设备技术资料，感谢博创智能装备股份有限公司欧家洪先生的技术指导，感谢奥德机械欧阳婷女士提供的辅助设备技术资料，感谢各位同行的支持。希望注塑业界的专家分享技术，共同推动注塑行业的水平提升。

编著者
2021 年 9 月

目 录

第1章　注塑材料基础知识　001

1.1　塑料的定义及分类 …………………………………………… 001
1.2　塑料的基本性能 ……………………………………………… 003
1.3　塑料的优点与缺点 …………………………………………… 007
1.4　塑料助剂 ……………………………………………………… 008
1.5　塑料燃烧区别方法 …………………………………………… 011
1.6　塑料在注射后需要冷却的时间估算 ………………………… 012
1.7　塑料产品自攻螺钉经验值 …………………………………… 013
1.8　塑料产品公差等级 …………………………………………… 013
1.9　塑料阻燃等级 ………………………………………………… 015
1.10　塑料老化及防老化 ………………………………………… 015
1.11　内应力对塑料产品性能的影响 …………………………… 016
1.12　塑料产品标识 ……………………………………………… 016
1.13　透明塑料注塑生产中应注意的问题 ……………………… 017

第2章　注塑机构造及选用　019

2.1　注塑机的分类 ………………………………………………… 021
2.2　注塑机的基本结构 …………………………………………… 022
　2.2.1　注射部分 ………………………………………………… 023
　2.2.2　合模部分 ………………………………………………… 031
　2.2.3　液压系统 ………………………………………………… 032
2.3　选择注塑机 …………………………………………………… 034
　2.3.1　注塑机注射量的选择 …………………………………… 035
　2.3.2　注塑机锁模力的选择 …………………………………… 037
　2.3.3　注塑机装模尺寸的选择 ………………………………… 037
　2.3.4　注射速度的选择 ………………………………………… 038
　2.3.5　注塑机开模行程的选择 ………………………………… 038
　2.3.6　注塑机容模量的选择 …………………………………… 039

第3章 注塑机工艺参数的设定

- 3.1 开合模工艺参数的设定 ………………………………………………………… 040
  - 3.1.1 合模工艺参数的设定 ……………………………………………………… 040
  - 3.1.2 开模工艺参数的设定 ……………………………………………………… 042
- 3.2 注射台座的动作参数设定 ……………………………………………………… 043
- 3.3 压力的设定 ……………………………………………………………………… 043
  - 3.3.1 注射压力的设定 …………………………………………………………… 044
  - 3.3.2 保压压力的设定 …………………………………………………………… 044
  - 3.3.3 背压压力的设定 …………………………………………………………… 045
  - 3.3.4 顶出压力的设定 …………………………………………………………… 045
- 3.4 速度的设定 ……………………………………………………………………… 046
  - 3.4.1 注射速度的设定 …………………………………………………………… 046
  - 3.4.2 熔融速度的设定 …………………………………………………………… 047
  - 3.4.3 顶出速度的设定 …………………………………………………………… 047
  - 3.4.4 开合模速度的设定 ………………………………………………………… 047
- 3.5 位置的设定 ……………………………………………………………………… 048
  - 3.5.1 射出位置的设定 …………………………………………………………… 048
  - 3.5.2 保压位置的设定 …………………………………………………………… 049
  - 3.5.3 顶出位置的设定 …………………………………………………………… 049
  - 3.5.4 开模位置的设定 …………………………………………………………… 050
- 3.6 时间的设定 ……………………………………………………………………… 050
  - 3.6.1 注射时间的设定 …………………………………………………………… 051
  - 3.6.2 冷却时间的设定 …………………………………………………………… 051
  - 3.6.3 保压时间的设定 …………………………………………………………… 051
  - 3.6.4 开合模时间的设定 ………………………………………………………… 051
  - 3.6.5 熔融时间的设定 …………………………………………………………… 052
  - 3.6.6 干燥时间的设定 …………………………………………………………… 052
- 3.7 温度的设定 ……………………………………………………………………… 052
  - 3.7.1 材料温度的设定 …………………………………………………………… 053
  - 3.7.2 模具温度的设定 …………………………………………………………… 054
- 3.8 注射周期的设定 ………………………………………………………………… 054
  - 3.8.1 注射周期组成部分分析与设定 …………………………………………… 054
  - 3.8.2 最短注射周期分析 ………………………………………………………… 058
  - 3.8.3 薄壁注射周期分析 ………………………………………………………… 058
  - 3.8.4 双泵注射周期分析 ………………………………………………………… 059
  - 3.8.5 注射周期案例分析 ………………………………………………………… 060
- 3.9 注射成型工艺参数-曲线案例分析 …………………………………………… 060

第 4 章　试模　　064

4.1　模具试模流程 064
4.1.1　上模前的准备工作 064
4.1.2　上模作业 069
4.1.3　下模作业 071
4.2　快速换模 072
4.2.1　换模前的准备工作 072
4.2.2　换模过程与方法 073
4.3　试模过程中的各项要素 078
4.3.1　DOE 试模验证法 078
4.3.2　最佳温度的确定 079
4.3.3　最佳注射压力的确定 082
4.3.4　最佳保压压力和时间的确定 083
4.3.5　最佳冷却时间的确定 084
4.3.6　最佳注射速度的确定 085
4.3.7　最佳锁模力的确定 086
4.4　试模记录的收集与总结 087
4.5　试模的技术要求 091
4.5.1　试模的目的 091
4.5.2　试模工程师应具备的条件 091

第 5 章　不同注塑机之间试模参数的相互转换　　092

5.1　概述 092
5.2　不同注塑机的转换理论背景 093
5.3　锁模力与温度的复制 096
5.4　冷却与保压时间的复制 097
5.5　背压与转速的复制 097
5.6　V-P 位置的复制 098
5.7　填充速度的复制 098
5.8　射出位置的复制 098

第 6 章　注塑产品常见缺陷及改善　　101

6.1　填充不足（缺料、短射） 101
6.2　产品重量不稳定 102
6.3　变形 103
6.4　产品内孔偏心 105
6.5　变色、发黄 106

6.6 气纹 ··· 107
6.7 顶针位置不平 ··· 107
6.8 烧焦 ··· 108
6.9 黑点、黑线 ·· 109
6.10 浇口残留 ·· 110
6.11 拉白 ·· 111
6.12 水波纹 ··· 112
6.13 刮伤 ·· 113
6.14 色差 ·· 113
6.15 表面光泽度不良 ·· 114
6.16 喷流 ·· 115
6.17 产品崩缺 ·· 116
6.18 尺寸不良 ·· 117
6.19 料花（银纹） ·· 118
6.20 气泡 ·· 119
6.21 飞边（披锋） ·· 121
6.22 缩水 ·· 122
6.23 熔接线 ··· 123

第 7 章 注塑机的辅助设备   125

7.1 烘料机 ··· 125
7.2 除湿干燥机 ·· 126
7.3 混料机 ··· 128
7.4 模具温度控制机 ··· 129
7.5 机械手 ··· 132
7.6 集中供料系统 ··· 133
7.7 塑料破碎机 ·· 135
7.8 模具水路清洗机 ··· 136

第 8 章 模具故障分析与防范措施   138

8.1 顶针烧（断） ·· 138
8.2 斜顶烧（断） ·· 138
8.3 滑块烧伤 ··· 139
8.4 导柱/导套磨损（断） ··· 139
8.5 成型镶针断 ·· 140
8.6 筋/骨位断 ·· 140
8.7 主流道粘模 ·· 141
8.8 模温不良 ··· 141

8.9　模具分型面压伤 …………………………………………………… 142
8.10　镜面模具"花" …………………………………………………… 142
8.11　产品侧边拉伤（拖花） ………………………………………… 143
8.12　模具生锈 …………………………………………………………… 143
8.13　模具产生飞边（披锋） ………………………………………… 144
8.14　模具水路不通 ……………………………………………………… 144
8.15　排气槽异常 ………………………………………………………… 145
8.16　模具无法开模 ……………………………………………………… 145
8.17　模具错位 …………………………………………………………… 146
8.18　模具裂纹 …………………………………………………………… 146

第9章　注塑机维护及保养和模具的保养　147

9.1　注塑机维护及保养 …………………………………………………… 147
　9.1.1　油压系统的保养 ………………………………………………… 147
　9.1.2　电气部分的保养 ………………………………………………… 148
　9.1.3　机械部分的保养 ………………………………………………… 148
　9.1.4　日常点检保养 …………………………………………………… 150
　9.1.5　月度维护保养 …………………………………………………… 153
　9.1.6　年度维护保养 …………………………………………………… 153
　9.1.7　注塑机常见故障分析 …………………………………………… 154
9.2　模具保养 ………………………………………………………………… 155
　9.2.1　模具保养的重要性 ……………………………………………… 155
　9.2.2　模具维护保养规范 ……………………………………………… 159
　9.2.3　模具在机保养作业方法 ………………………………………… 160
　9.2.4　模具的三级保养 ………………………………………………… 162
　9.2.5　模具外观保养要点 ……………………………………………… 167
　9.2.6　模具档案的设计与建立 ………………………………………… 170

第10章　注塑车间管理　171

10.1　配料房的管理 ………………………………………………………… 171
　10.1.1　原料的管理 …………………………………………………… 172
　10.1.2　色粉的管理 …………………………………………………… 173
10.2　碎料房的管理 ………………………………………………………… 173
　10.2.1　回料的管理 …………………………………………………… 174
　10.2.2　注塑机台回料的控制措施 …………………………………… 174
10.3　注塑车间的现场管理 ………………………………………………… 174
　10.3.1　班组长现场管理 ……………………………………………… 175
　10.3.2　工具、辅料的管理 …………………………………………… 178

10.3.3 上下模工具的管理 …………………………………………… 178
10.3.4 注塑生产的量化管理 …………………………………………… 178
10.3.5 注塑生产的样板、文件资料管理 …………………………… 179
10.3.6 注塑部门管理人员巡查工作内容 …………………………… 179
10.4 注塑模具的使用与管理 …………………………………………… 180
10.5 注塑车间安全生产管理 …………………………………………… 180
10.6 注塑生产成本管理 ………………………………………………… 183
10.7 注塑部门生产相关的主要参考表格 ……………………………… 188

第 11 章 注塑品质管理 196

11.1 产品质量基本知识 ………………………………………………… 196
　　11.1.1 产品质量的定义 ………………………………………… 196
　　11.1.2 产品标准和要求 ………………………………………… 197
11.2 塑料产品外观检测 ………………………………………………… 197
　　11.2.1 塑料产品外观等级划分 ………………………………… 197
　　11.2.2 测量条件及环境的要求 ………………………………… 198
　　11.2.3 塑料产品检测标准 ……………………………………… 198
　　11.2.4 塑料产品主要检测工具 ………………………………… 200
11.3 测试项目 …………………………………………………………… 201
　　11.3.1 附着力测试 ……………………………………………… 201
　　11.3.2 RCA 纸带耐磨测试 ……………………………………… 202
　　11.3.3 酒精摩擦测试 …………………………………………… 202
　　11.3.4 橡皮摩擦测试 …………………………………………… 203
　　11.3.5 铅笔硬度测试 …………………………………………… 203
　　11.3.6 低温存储 ………………………………………………… 203
　　11.3.7 高温存储 ………………………………………………… 204
　　11.3.8 盐雾测试 ………………………………………………… 204
　　11.3.9 抗冲击测试 ……………………………………………… 204
11.4 制程检验管理 ……………………………………………………… 204
　　11.4.1 制程检验控制 …………………………………………… 205
　　11.4.2 制程检验的主要工作内容和注意事项 ………………… 205
11.5 出货检验管理 ……………………………………………………… 206
　　11.5.1 出货检验主要工作内容 ………………………………… 206
　　11.5.2 出货检验工作注意事项 ………………………………… 206

第 12 章 塑料产品报价 207

12.1 塑料产品的报价 …………………………………………………… 207
　　12.1.1 塑料产品重量的计算 …………………………………… 208

12.1.2　各种原料价格的单价预估 …………………………………… 208
　　12.1.3　材料费用的估算 ……………………………………………… 209
　　12.1.4　注塑过程中费用的估算 ……………………………………… 209
　　12.1.5　后处理价格的估算 …………………………………………… 210
　　12.1.6　产品包装价格的估算 ………………………………………… 211
　　12.1.7　产品报价案例分析 …………………………………………… 211
　12.2　产品、模具、成型的关系 ………………………………………… 212
　　12.2.1　塑料产品设计与注射成型的关系 …………………………… 213
　　12.2.2　模具设计与注塑生产的关系 ………………………………… 214
　　12.2.3　注射成型工艺与模具设计 …………………………………… 218

参考文献　220

第1章 注塑材料基础知识

1.1 塑料的定义及分类

(1) 塑料的种类

塑料主要由树脂和添加剂组成。树脂材料按化学结构分类如下：碳链聚合物和杂链聚合物。碳链聚合物主要是由碳原子构成的聚合物。杂链聚合物主要是由碳和氧、氮、硫等两种以上元素的原子所组成的聚合物。一般按照热熔性，可以把塑料分成两大类：热塑性塑料和热固性塑料，热固性塑料不可回收再利用。

① **热塑性塑料** 这类塑料所用的合成树脂都是线型或支链型聚合物，因而受热变软，甚至成为可流动的稳定黏稠液体，可塑制成一定形状的塑件，冷却后保持既得的形状，如再加热又可变软形成另一种形状，如此可以进行反复多次成型。这一过程中只有物理变化，而无化学变化，其变化是可逆的（可以再生循环使用）。

主要种类：聚氯乙烯（PVC，产量大，有毒，不能用作食品包装）；聚苯乙烯（PS，是最早的工业化塑料品种之一）；聚乙烯（PE）；聚丙烯（PP）；聚酰胺（PA）；聚甲醛（POM）；聚碳酸酯（PC，可用于食品包装、镜片）；ABS塑料；聚砜（PSU或PSF）；聚苯醚（PPO）；氟树脂；聚酯树脂等等。

② **热固性塑料** 这类塑料所用的合成树脂是体型聚合物，因而在加热之初，因分子呈线型结构，具有可熔性和可塑性，可塑制成一定形状的塑件；继续加热时，分子呈现网状结构；当温度达到一定程度后，树脂变成不溶和不熔的体型结构，形状固定下来，不再变化。这一过程中，既有物理变化，又有化学变化，因此，变化过程是不可逆的（仅可成型一次，不可再生循环使用）。

主要种类：酚酸树脂（PF）；氨基塑料；环氧树脂（EP）；不饱和聚酯；酚醛树脂（PF，又称电木，用于电气开关）。

塑料材料的主要分类以及细分如图 1-1 所示。

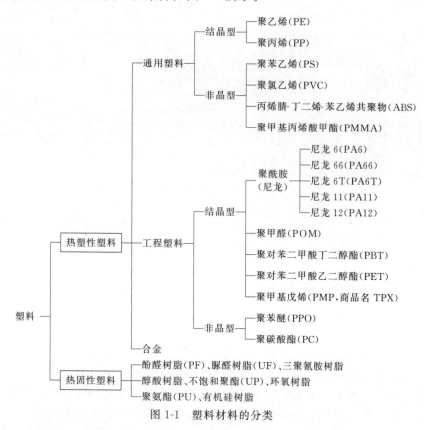

图 1-1 塑料材料的分类

(2) 树脂的分子结构

一般树脂的分子结构，都是线型的高分子链或带支链的高分子链段，有结晶和非结晶两种，树脂的性能与其结晶性能、分子结构及其组成有很大的关系。一般来说，树脂的结晶率越大，其透光性就越差。结构式中带有—COOR、—NH_2、—OH 基团的，比较易吸水及因水的作用而产生分解，加工时，也比较难烘干；带不饱和烃基的，树脂的柔性就好；带苯环的，树脂就比较刚硬。由于树脂的分子结构千差万别，形成了不同品种、性能差异很大、不同牌号的上万种产品。

(3) 树脂的合成

缩聚反应是指单体分子间脱水或与几种单体分子键合成聚合物的化学反应，可分为均缩聚反应和共缩聚反应。均缩聚反应是带有两个官能团的一种单体进行的缩聚反应。共缩聚反应是两种或两种以上的双官能团单体间进行的缩聚反应。

加聚反应是指不饱和或环状单体分子加成键合成聚合物的一种反应，反应中没有水或其他低分子副产物的释出，而是所有生成的聚合物元素成分与原用单体的成分相同。均聚反应是一种不饱和或者环状单体分子之间进行的聚合反应。共聚反应就是两种或两种以上不饱和或环状的单体的聚合反应。

1.2 塑料的基本性能

塑料是轻量的材料，容易加工成型，加入添加剂可轻易改变其性能，具有低热导率及低电导率，部分非结晶性塑料具透明性和回收再利用特性。

(1) 物理性能

包括透气性、透湿性、透水性、吸水性、相对密度、折射率、透光性、光泽和成型收缩率。

(2) 力学性能

包括拉伸强度、拉伸弹性模量、压缩强度、弯曲强度、冲击强度、剪切强度、硬度、蠕变、持久强度、疲劳、摩擦力和摩擦系数。

(3) 电性能

包括介电常数、介电损耗角正切、绝缘电阻、介电常数、耐电弧性。

(4) 耐化学性能

包括良好的耐化学品特性、耐熔剂性、耐油性。

(5) 老化性能

包括气候老化、人工气候老化、热空气老化、湿热老化、臭氧老化、抗霉性。

(6) 热性能

包括线膨胀系数、热导率、比热容、玻璃化转变温度、低温力学性能、热变形温度、热分解温度、耐燃性、熔体流动速率。

① 玻璃化转变温度（T_g） 当塑料的温度达到玻璃化转变点时，其分子链段开始自由运动，塑料便由玻璃状变成橡胶状。也就是说，当聚合物的温度在 T_g 时，会由低温下所呈现的具坚硬易脆性质的玻璃状，转至较高温下呈现的橡胶态，表 1-1 为部分塑料材料的玻璃化转变温度值。

表 1-1 部分塑料材料的玻璃化转变温度

塑料品种	T_g/℃	塑料品种	T_g/℃	塑料品种	T_g/℃
HDPE(高密度聚乙烯)	-120	ASA(丙烯腈-苯乙烯-丙烯酸酯共聚物)	104	PA 46	78
PC	39~150			PA 66	49~261
PET	79	LDPE(低密度聚乙烯)	-120	SAN	100
PMMA	100~120			PES	230
ABS	88~105	PP	-10~18	PI(聚酰亚胺)	410
HIPS(高抗冲聚苯乙烯)	100	PS	63~112	PPS(聚苯硫醚)	85
POM	-50~85	PBT	20	PSF(聚砜)	190
PE	-120~125	PA	57	PESF(聚苯醚砜)	230
		PA 6	50~59	PEEK(聚醚醚酮)	143

续表

塑料品种	T_g/℃	塑料品种	T_g/℃	塑料品种	T_g/℃
U Polymer	190	PU	120	PVC	60～76
PAI(聚酰胺-酰亚胺)	280	PEI	217～220		

② 热变形温度　热变形温度（HDT）显示塑料材料在高温受压下能否保持不变的外形，一般用来表示塑料的短期耐热性。短期使用的最高温度应保持低于热变形温度10℃左右，以确保不至于因温度而使材料变形。最常用的热变形测定法：即将试片在一定压力及一定加工温度下，弯曲到一定程度时的温度，需要注意同一型号的塑料材料，不同牌号也会存在差异。表1-2为部分塑料材料的热变形温度。

表1-2　部分塑料材料的热变形温度

结晶型		非结晶型	
塑料名称	热变形温度(1820kPa)/℃	塑料名称	热变形温度(1820kPa)/℃
PBT	60～65	硬质PVC	54～79
PET	80～100	PS	63～112
PA6	63～80	ABS	66～107
POM(均聚)	125～136	PMMA	68～99
POM(共聚)	110	PPO	100～128
PI	315～360	PC	39～148
PE	29～126	H-PVC	54～74
PP	40～152	PAR(聚芳酯)	175
HDPE	43	PES(聚醚砜)	205
MDPE(中密度聚乙烯)	32～41	GPPS(通用级聚苯乙烯)	96
PA66	62～261	HIPS	96
LDPE	32	PS+(20%～30%)GF[①]	103
PA610	57	AS(丙烯腈-苯乙烯共聚物,也称SAN)	88～104
PA612	60		
PA11	55	PSU	146～273
PA12	55		

① GF为玻璃纤维，余同。

③ 塑料的熔点（T_m）　指塑料由固体状态变成熔融状态时的温度。这个温度是一个范围，同一种型号的材料，不同批次、不同牌号的温度范围都会存在一定的差异。注意塑料熔点温度范围越宽，在注塑生产时，工艺参数调整的难度就会降低。表1-3为部分塑料材料的熔点参考温度。

表 1-3 部分塑料材料的熔点

塑料品种	$T_m/℃$	塑料品种	$T_m/℃$	塑料品种	$T_m/℃$
HDPE	130~135	PET	250~260	PA6	215~225
LDPE	107~120	PBT	225~230	PA11	184~187
PP	165~176	POB(聚苯酯)	450	PA12	177~178
PE	115~176	PEEK	334	PA46	295
PTFE(聚四氟乙烯)	327	PPS	285~290	PA66	225~265
		PMMA	160	PA612	210~220
PVC	212	POM	175~181	PA610	213
PC	220	PA	220		

④ 熔体流动速率 熔体流动速率（MFR）也称熔融指数（生产中有时简称熔指），是一种表征塑料材料加工时的流动性的参数。它是美国材料与试验协会（ASTM）根据美国杜邦公司惯用的鉴定塑料特性的方法制定而成，其测试方法是先让塑料粒在一定时间（10min）内、一定温度及压力（各种材料标准不同）下，熔融成塑料流体，然后通过一条直径为 2.1mm 的圆管，测量所流出的质量（单位：g）。

熔体流动速率值越大，表示该塑料材料的加工流动性越好，反之则越差。最常使用的测试标准是 ASTM D1238，该测试标准的测量仪器是熔体流动速率仪。一般常用塑料的 MFR 值大约介于 1~25g/10min 之间。MFR 越大，代表该塑料原料黏度越小及分子量越小，反之，则代表该塑料黏度越大、分子量越大，流动性就差。

熔体流动速率对于注塑生产时，飞边的控制以及模具设计过程中排气槽的设计具有一定的参考指导意义，特别是对于大型产品，是否能够流动到产品的末端也极具参考价值，表 1-4 为部分塑料材料的熔体流动速率。

表 1-4 部分塑料材料的参考熔体流动速率

塑料品种	温度/℃	熔体流动速率/(g/10min)
ABS(Polylac PA-777E)	200~280(230)	4
ASA(ASA LI941)	210~250(230)	6.5
PC(JH820-M10)	250~280(260)	12
PC+ABS(LUPOY HP 5008)	240~280(260)	6.3
PP(Lupol TE-5005)	195~235(215)	11
PA(Genestar N1002A)	305~320(313)	8
LCP(Vectra S135)	365~380(373)	103
PBT(Lupox HI-1002F)	235~275(255)	3.6
GPPS(25SP)	210~230(220)	10

续表

塑料品种	温度/℃	熔体流动速率/(g/10min)
POM(Lucel N109)	180~220(200)	11
PMMA(PMMA IF-850)	240~280(250)	11
PPS(Generic PPS)	290~330(310)	150
PC+20%GF(Lupoy SC2202)	280~320(300)	5.5
LCP+30%GF(Ueno-LCP 5030G)[①]	300~330(315)	3.54

① LCP：工业化液晶聚合物。

⑤ 流动比　不同性能的塑料有不同的温度侧重范围。如ABS的黏度受温度的影响甚小，所以当ABS达到变形流动温度后，再继续增加料筒温度，指望以此降低黏度来帮助注射是没有什么成效的。特别是制造ABS彩色制件时，反而有害而无利，彩色颜料多为有机物，大多数在高温下会很不稳定，出现颜色消退或不均匀色斑的问题。PC与ABS相反，稍微增加温度，其黏度即有明显下降，据资料介绍，在加工温度下再把温度提高10~20℃，注射压力可降低一半，反过来说，如果温度低于正常加工的温度10~20℃，注射压力就增加一倍。这种反效果尤其在喷嘴和模具温度低时更为突出，所以在生产PC塑料产品时，必须保证有足够的料温和模温。经验表明，PC塑料产品的质量问题往往出在冷的喷嘴和冷的模具上。

a. 对于同一种材料而言，分子链越长，密度越大，流动性就越差。只是相对而言，也可以通过添加增塑剂来提高流动性、流动比。

b. 不同材料，分子链大小与流动比没有绝对的关系，流动比还是取决于分子内部结构。

c. 分子链的结晶度越高，材料的密度就越大。

d. 对于结晶型树脂，模具温度高时，材料冷却时间长，结晶度高，产品硬度大，强度高，但收缩率大；模具温度低时，材料冷却时间短，结晶度低，产品柔软，挠曲性好。

为了便于注塑人员方便学习，针对不同塑料，总结出不同壁厚的材料的流动性差异汇总表，如表1-5所示。对于塑料材料能否流动到产品的末端具有参考意义。

表1-5　塑料流径参考

单位：mm

塑料品种	壁厚1mm	壁厚2mm	壁厚3mm
PP	170	550	1100
PP+GF40	120	370	700
CAB(乙酸丁酸纤维素)	80	250	475

续表

塑料品种	壁厚1mm	壁厚2mm	壁厚3mm
TPU	35	100	200
PA6	84	325	720
PA6+30%GF	85	300	570
PA66	86	340	790
PA66+30%GF	71	280	620
PA6、PA12+GF	84	290	590
PET+GF	60	200	400
LDPE	230	760	1530
HDPE	115	370	800
SB(苯乙烯-丁二烯共聚物)	140	420	800
PS	165	520	990
ABS	85	270	510
ABS+GF	52	162	310
PC+ABS	51	180	370
AS	105	330	630
PBT	22	80	200
PBT+35%GF	35	140	285
PC	62	222	475
PC+30%GF	38	140	290
PPO	60	190	365
PPO+GF	45	140	260
POM	85	280	560
PPS+GF	87	310	620
PSU	42	145	280
PEI	34	120	245

1.3　塑料的优点与缺点

优点：质量轻，密度小，对于减轻新开发产品重量是一个很好的选择；比强度高，很多种塑料的比强度超过钢材；不溶于水，耐化学腐蚀，耐酸，耐碱；不导电，是优良的绝缘材料；不导热，是优良的隔热材料，也能隔声；比较耐磨，部分塑料材料有独特的自润滑性能，有些材料的耐疲劳性能好过钢材，如POM。可以加工成复杂形状的产品。

缺点：表面硬度低，容易刮伤，影响产品外观效果；蠕变性大，不能承受重载荷；弹性模量小；耐高温性能一般情况下不如金属；导热性能不如金属。

1.4 塑料助剂

塑料助剂的选择于对注射成型过程是一个很重要的环节，助剂应具有良好的塑料相容性，以便长期、稳定、均匀地存在于产品中，发挥其效能。如相容性不好，助剂就容易析出，固体助剂的析出称为喷霜，液体助剂的析出称为渗出或出汗。对无机填料和无机颜料通常要求其细度小、分散性好。要选择不易从塑料中挥发、抽出和迁移的助剂。助剂对加工条件要有良好的适应性。最重要的是助剂在加工温度下不易分解、挥发和升华。助剂对产品不应有污染性及毒性。助剂对从事加工及应用的人员，不应产生有害影响。用作食品包装和玩具时，要绝对保证符合卫生和环保标准。表1-6为塑料助剂的分类及作用。

表1-6 塑料助剂的分类及作用

类型	类别	作用
稳定性的助剂	抗氧化剂，光稳定剂，热稳定剂，防霉剂	防止或延缓塑料在贮存、加工和使用过程中的老化变质
改善力学性能的助剂	固化剂，增强材料，填料，偶联剂，增韧剂	改善塑料的某些力学性能，如拉伸强度、硬度、刚性、热变形性、冲击强度等
改善加工性能的助剂	润滑剂，脱模剂	改善加热成型时的流动性、脱模性，并使表面光洁
柔软化和轻质化的助剂	增塑剂，发泡剂	使树脂塑性增加或形成微孔结构
改进表面性能和外观的助剂	润滑剂，抗静电剂，防雾剂，着色剂	使产品表面光洁，或防止加工和使用时的静电危害，防止塑料薄膜内壁形成雾滴，或改善外观，或赋予产品多种色彩
难燃助剂	阻燃剂，烟雾抑制剂	使塑料产品在接触火源时燃烧放缓，离火即熄灭

① 增强助剂　增强材料是添加在树脂中能使塑料制品的力学性能显著提高的纤维状物或织物。增强材料分为无机纤维和有机纤维两大类。无机纤维包括玻璃纤维、碳纤维、硼纤维、液晶、石棉、陶瓷纤维及金属纤维等。有机纤维包括合成纤维、棉、麻、纸等。

② 填充剂　又称填料，填充剂可以改善塑料的性能和扩大它的使用范围。填料在塑料中的用量一般为20%~50%，有时多达80%。由于填料本身的化学成分

及结构不同,它们在塑料中显示出不同的物理特性,因此,应根据使用的目的,合理地选用填料。填料的要求如下:化学稳定性好,对树脂固化无阻聚作用;不使制品的外观、力学性能、化学性能、电绝缘性能明显变差;分散性、混合性好,不影响制品的加工性;不降低制品的耐热、耐候性;吸油量及吸树脂量小;价格低,货源广,质量稳定。

填充剂主要作用如下:

a. 提高拉伸强度:各种高强度、耐高温和高模量纤维如玻璃纤维、石棉纤维、碳纤维、硼纤维等。b. 提高强度和耐磨性:高硬度的氧化物或碳化物如氧化铝、氧化硅、氧化钛和碳化硅等。c. 降低摩擦系数,提高自润滑性:如石墨、二硫化钼、硫化铅、聚四氟乙烯和滑石粉。d. 改变导电、导热性能:加入石棉、云母能提高耐热性和电绝缘性,加入石墨和金属粉末提高导热性。e. 降低材料成本:碳酸钙、木粉等。

③ 增塑剂 有些树脂的可塑性很小,柔韧性也很差,为了降低树脂的熔融黏度和熔融温度,改善其成型加工性能,改进塑料的柔韧性、弹性以及其他各种必要的性能,通常加入能与树脂相容的不易挥发的高沸点的有机化合物。这类物质称增塑剂。增塑剂通常是一种高沸点液体,或者是低熔点固态的酯类化合物,如甲酸酯类、碳酸酯类、氯化石蜡等,用于增加大分子链间距,降低分子间作用力,提高分子柔顺性。

对增塑剂的基本要求:与树脂有良好的相容性;塑化效率高;耐热且光稳定性好;挥发性低;迁移性小;耐水、耐有机溶剂等;低温柔韧性良好;具有阻燃性;电绝缘性良好;无色,无味,无毒;耐霉菌性好;耐污染性好;价廉。一般增塑剂很难同时满足各项要求,因此,常常需要两种以上增塑剂配合使用。

④ 稳定剂 能减缓塑料变质的物质称为稳定剂,分为光稳定剂、热稳定剂、抗氧剂、紫外线吸收剂。常用的稳定剂有硬脂酸盐、铅或锡的化合物和环氧化合物。

⑤ 润滑剂和脱模剂 能减少物体表面间摩擦和磨损的物质称为润滑剂;能使塑料产品易于脱模的物质称为脱模剂。

对润滑剂的要求如下:与聚合物有一定的相容性;不影响产品的物理性能和外观。

对脱模剂的要求如下:有一定的热稳定性和化学惰性,不腐蚀模具,在产品表面不会残留分解物;赋予产品良好的外观,不影响产品的色泽、黏结性及耐老化性等;不产生气味,无毒。改善塑料熔体的流动性,减少或避免对设备或模具的摩擦和黏附,以及改进塑件的表面光洁度;提高流动性(内润滑作用:聚乙烯、聚四氟乙烯);易脱模(外润滑作用:硬脂酸及其盐类)。

⑥ 阻燃剂 加到塑料中能阻止燃烧、降低燃烧速度的物质称为阻燃剂。阻燃剂主要是含磷、卤素、硼、锑和铝等元素的有机物或无机物。含有阻燃剂的塑

料大多数具有自熄性，也可以是不燃的。无机阻燃剂主要有三氧化二锑、氢氧化铝等。

对阻燃剂的要求如下：不降低塑料的力学性能；阻燃剂的分解温度要与塑料的使用要求相适应；具有持久性；具有耐候性；毒性小，价廉等。

⑦ 发泡剂　在泡沫塑料的制造中，使塑料产生微孔结构的物质称为发泡剂。它可以是固体、液体或气体。根据发泡过程中气孔产生的方式，发泡剂可分为物理发泡剂和化学发泡剂两类。化学发泡剂又可分无机发泡剂和有机发泡剂两类。

物理发泡剂是在发泡过程中，依靠本身物理状态的变化而产生气孔的物质。它包括压缩气体、挥发性液体以及可溶性固体。化学发泡剂是因发生化学变化或在一定温度下热分解而产生一种或多种气体的物质。化学发泡过程中气体的产生有两种方法：一种是发泡的气体从聚合物的基体中产生，即发泡的气体是聚合物链扩展或交联的副产物；另一种方法就是采用化学发泡剂来产生发泡的气体。分解温度和发气量是化学发泡剂最重要的两个要素。

化学发泡剂包括无机发泡剂和有机发泡剂两类。无机发泡剂主要包括碳酸铵、碳酸氢铵和碳酸氢钠等。有机发泡剂主要包括亚硝基化合物、偶氮化合物、磺酰肼类和尿素衍生物等。无机发泡剂在塑料中很少使用。有机发泡剂多数都是易燃的，分解温度低，所以在贮存和使用时都应注意防火。

有机发泡剂主要优点如下：在聚合物中分散性较好；分解温度范围较窄，且能控制；分解产生的气体以氮气为主，因此，不会燃烧、爆炸。一般有机发泡剂的发气量为15%~30%，其余是残渣，这些残渣有时会引起异臭或表面喷霜；有机发泡剂在热分解时产生一定的分解热。如果使用分解热过高的发泡剂，发泡体系内部的温度就会比外部的加热温度高得多，会破坏分子链。

⑧ 功能添加剂　功能添加剂赋予产品某种功能，例如加入发光材料使塑料在黑暗中可以发光；加入芳香物质可使塑料散发出香味。

⑨ 抗静电剂　能防止或消除塑料表面静电的物质，称为抗静电剂。静电剂的基本作用是将不导电的塑料表面变成导电性的，使产生的电荷容易泄漏。可以使塑料导电的材料有金属、金属氧化物、炭黑及表面活性剂等。使用金属、炭黑抗静电时，其目的主要是屏蔽电磁波。

对抗静电剂的要求如下：抗静电效果持久，并能经受水洗；与塑料有一定的相容性，不发生喷霜，不造成发黏；不使塑料变质，不影响其他添加剂的使用效果；用量少，无毒，价廉等。有时候为了不在材料中使用此种添加剂，多数情况下通过喷涂一层导电漆来解决这类问题。

⑩ 染色剂　使塑料着色的染料和颜色及其助剂的总称。染色的目的：使制品美观；使产品便于识别；隐蔽和保护内容物，如用于包装薄膜；提高产品的耐候性；改变光学性能，如用于照明器具；改变电气性能，可以导电炭黑着色获得导电

性等。在添加色料时，一定要注意色料的熔体流动速率与原料的熔体流动速率相近，需要增加相容剂，保证色料与原料的混合均匀性，使颜色美观（如不相容，外观效果会很差）。

染色剂主要分为三大类：无机颜料，有机颜料和染料。三类的性能比较如表1-7所示。

表 1-7　不同成分染色剂的比较

项目	无机颜料	有机颜料	染料
色相	不鲜明	鲜明	鲜明
着色力	小	大	大
遮盖力	大	小	小
分散性	差	好	好
耐光性	好	差	差
耐热性	好	差	差
耐迁移性	好	差	差
耐溶剂性	好	差	差
耐化学品性	好	差	差

1.5　塑料燃烧区别方法

塑料基本上都是可以燃烧的，为了区分不同塑料的类别，可以通过塑料燃烧的颜色、气味、燃烧速度等进行区分。为了更好地使塑料进行回收，懂得塑料的区别方法就会显得特别的重要，如表1-8所示就是不同塑料之间的区别汇总。

表 1-8　塑料燃烧区别法

塑料	燃烧性	滴落	火焰颜色	气味	燃烧速度	其他
PE	燃烧	有	蓝色黄顶	石蜡味	快	指甲刮过有痕迹
PP	燃烧	有	蓝色黄顶	柴油味	慢	指甲刮过无痕迹
TPX	燃烧	有	蓝色	—	快	透明如水
PS	燃烧	有	黄色	苯乙烯味	快	焦炭及黑烟
HIPS	燃烧	有	黄色	苯乙烯及橡胶味	快	焦炭及黑烟
AS	燃烧	有	黄色	苯乙烯及苦味	快	焦炭及黑烟
ABS	燃烧	有	黄色	苦橡胶味	慢	焦炭及黑烟
PMMA	燃烧	有	黄色	酒精味	快	无烟
POM	燃烧	有	黄色	甲醛味	慢	无烟

续表

塑料	燃烧性	滴落	火焰颜色	气味	燃烧速度	其他
PET	燃烧	有	黄色蓝边	焦橡胶味	快	焦炭及黑烟
PU	燃烧	无	黄色	微苹果味	快	少许黑烟
SBS	燃烧	无	黄色	苯乙烯味	快	有焦炭及黑烟
SEBS	燃烧	无	黄色	石蜡味	快	无焦炭及黑烟
PTFE	不燃	无	无	—	不燃	—
PVF(聚氟乙烯)	不燃	无	无	酸味	不燃	—
CTFE(三氟氯乙烯)	不燃	有	无	乙酸味	不燃	—
PA	自动熄灭	有	蓝色黄顶	毛发焦味	慢	起泡
PSU	自动熄灭	有	橘色	硫黄味	快	焦炭及黑烟
PC	自动熄灭	有	橘黄色	酚味	慢	焦炭及黑烟
PPO	自动熄灭	无	橘黄色	酚味	慢	不易点燃
PVC	自动熄灭	无	黄色绿边	盐酸味	慢	白烟

1.6 塑料在注射后需要冷却的时间估算

在生产过程中,生产企业特别关心的就是生产效率。目前从业人员多数认为塑料产品的冷却及生产效率是会受材料、模具、注塑工艺、设备等综合性影响的。这种看法并不完全正确,塑料产品的生产效率是由塑料产品材料、塑料产品结构设计与壁厚设计所决定的。模具、注塑工艺、设备选择等只是阻碍注塑效率的因子,如果注塑生产的冷却时间达到了材料性能计算出来的理论时间的话,注塑产品的生产效率就已到极致了。

不同材料的冷却时间在行业中是通过一个计算公式进行估算的。在笔者所著《模具开发实用技术》一书中有做详细介绍,为了方便读者的学习,特意做一份简易表格供同行参考,如表1-9所示。

表1-9 不同壁厚材料的冷却估算

材料	冷却时间/s									
	0.5mm	1mm	1.5mm	2mm	2.5mm	3mm	3.5mm	4mm	4.5mm
ABS	0.3	1.4	3.1	5.5	8.6	12.4	16.8	22	27.8
PA66	0.2	0.9	2.1	3.8	5.9	8.5	11.6	15.1	19.1
PA6	0.2	0.8	1.9	3.3	5.2	7.4	10.1	13.2	16.7
PC	0.3	1.3	2.9	5.2	8.1	11.7	16	20.8	26.4
HDPE	0.1	0.6	1.3	2.3	3.5	5.1	6.9	9	11.4

续表

材料	冷却时间/s								
	0.5mm	1mm	1.5mm	2mm	2.5mm	3mm	3.5mm	4mm	4.5mm
LDPE	0.3	1.1	2.5	4.4	6.8	9.8	13.4	17.5	22.1
PMMA	0.4	1.7	3.8	6.8	10.6	15.3	20.8	27.2	34.4
PP	0.3	1.2	2.7	4.8	7.5	10.8	14.7	19.2	24.2
PS	0.4	1.6	3.6	6.4	10	14.4	19.6	25.6	32.5
AS	0.5	1.9	4.3	7.7	12	17.3	23.5	30.7	38.9

1.7 塑料产品自攻螺钉经验值

根据产品结构的需要，在产品开发的时候需要塑料件有一定的连接机构，使用自攻螺钉是一种常用而普遍的方法。但是对于不同的塑料材料，自攻螺钉的锁紧力和失效程度有很大的差异，塑料材料越脆，自攻螺钉在紧固时就越容易开裂。所以需要使用自攻螺钉的产品，在选择塑料材料时需要考虑塑料材料的脆性方面的因素。表1-10为ABS、PC常用自攻螺钉孔径在验证过程中的经验参考数值。

表1-10 ABS、PC常用自攻螺钉孔径经验值

螺纹规格	预制孔径/mm	推进有效深度/mm	紧固力矩/kg	圆柱直径/mm
M1.8	$\Phi 1.5^{+0.1}$	≥2.2	≥1	>4
M2	$\Phi 1.65^{+0.05}$	≥2.5	≥1.5	>4.2
M2.5	$\Phi 2.15^{+0.1}$	≥3	≥2	>4.8
M2.9	$\Phi 2.5^{+0.1}$	≥4	≥3	>5.6
M3	$\Phi 2.6^{+0.1}$	≥4	≥3	>5.8
M4	$\Phi 3.5^{+0.1}$	≥5	≥7	>6.5

注：① 表格中尺寸与公差均按脱模斜度为1.5°计算。
② 材料性能比ABS、PC软的材料，应相应缩小0.1mm左右。

1.8 塑料产品公差等级

要根据客户的要求以及产品的定位，合理选择塑料产品的公差等级。产品开发人员如果在塑料产品的公差等级上选择不当的话，无形中会增加产品的模具费用、注射成型费用、产品开发费用以及产品开发周期。表1-11为常用塑料产品的公差等级。

表 1-11 常用塑料产品公差等级

基本尺寸/mm		公差等级																		
大于	至	TT01	TT0	TT1	TT2	TT3	TT4	TT5	TT6	TT7	TT8	TT9	TT10	TT11	TT12	TT13	TT14	TT15	TT16	TT17	TT18
		μm													mm						
—	3	0.3	0.5	0.8	1.2	2	3	4	6	10	14	25	40	60	0.10	0.14	0.25	0.40	0.60	1.0	1.4
3	6	0.4	0.6	1	1.5	2.5	4	5	8	12	18	30	48	75	0.12	0.18	0.30	0.48	0.75	1.2	1.8
6	10	0.4	0.6	1	1.5	2.5	4	6	9	15	22	36	58	90	0.15	0.22	0.36	0.58	0.90	1.5	2.2
10	18	0.5	0.8	1.2	2	3	5	8	11	18	27	43	70	110	0.18	0.27	0.43	0.70	1.10	1.8	2.7
18	30	0.6	1	1.5	2.5	4	6	9	13	21	33	52	84	130	0.21	0.33	0.52	0.84	1.30	2.1	3.3
30	50	0.6	1	1.5	2.5	4	7	11	16	25	39	62	100	160	0.25	0.39	0.62	1.00	1.60	2.5	3.9
50	80	0.8	1.2	2	3	5	8	13	19	30	46	74	120	190	0.30	0.46	0.74	1.20	1.90	3.0	4.6
80	120	1	1.5	2.5	4	6	10	15	22	35	54	87	140	220	0.35	0.54	0.87	1.40	2.20	3.5	5.4
120	180	1.2	2	3.5	5	8	12	18	25	40	63	100	160	250	0.40	0.63	1.00	1.60	2.50	4.0	6.3
180	250	2	3	4.5	7	10	14	20	29	46	72	115	185	290	0.46	0.72	1.15	1.85	2.90	4.6	7.2
250	315	2.5	4	6	8	12	16	23	32	52	81	130	210	320	0.52	0.81	1.30	2.10	3.20	5.2	8.1
315	400	3	5	7	9	13	18	25	36	57	89	140	230	360	0.57	0.89	1.40	2.30	3.60	5.7	8.9
400	500	4	6	8	10	15	20	27	40	63	97	155	250	400	0.63	0.97	1.55	2.50	4.00	6.3	9.7
500	630	4.5	6	9	11	16	22	30	44	70	110	175	280	440	0.70	1.10	1.75	2.8	4.4	7.0	11.0
630	800	5	7	10	13	18	25	35	50	80	125	200	320	500	0.80	1.25	2.00	3.2	5.0	8.0	12.5
800	1000	5.5	8	11	15	21	29	40	56	90	140	230	360	560	0.90	1.40	2.30	3.6	5.6	9.0	14.0
1000	1250	6.5	9	13	18	24	34	46	66	105	165	260	420	660	1.05	1.65	2.60	4.2	6.6	10.5	16.5
1250	1600	8	11	15	21	29	40	54	78	125	195	310	500	780	1.25	1.95	3.10	5.0	7.8	12.5	19.5
1600	2000	9	13	18	25	35	48	65	92	150	230	370	600	920	1.50	2.30	3.70	6.0	9.2	15.0	23.0
2000	2500	11	15	22	30	41	57	77	110	175	280	440	700	1100	1.75	2.80	4.40	7.0	11.0	17.5	28.0
2500	3150	13	18	26	36	50	69	93	135	210	330	540	860	1350	2.10	3.30	5.40	8.6	13.5	21.0	33.0
3150	4000	16	23	33	45	60	84	115	165	260	410	660	1050	1650	2.60	4.10	6.6	10.5	16.5	26.0	41.0
4000	5000	20	28	40	55	74	100	140	200	320	500	800	1300	2000	3.20	5.00	8.0	13.0	20.0	32.0	50.0
5000	6300	25	35	49	67	92	125	170	250	400	620	980	1550	2500	4.00	6.20	9.8	15.5	25.0	40.0	62.0
6300	8000	31	43	62	84	115	155	215	310	490	760	1200	1950	3100	4.90	7.60	12.0	19.5	31.0	49.0	76.0
8000	10000	38	53	76	105	140	195	270	380	600	940	1500	2400	3800	6.00	9.40	15.0	24.0	38.0	60.0	94.0

1.9 塑料阻燃等级

UL 是以塑料材料标准试片经火焰燃烧后之自燃时间、自燃速度、掉落之颗粒状态来制定塑料材料耐燃等级，依等级优劣，依次是 HB、V-2、V-1、V-0、5V，另有极薄材料等级 VTM-0、VTM-1、VTM-2 及泡棉材料等级 HBF、HF-1、HF-2。

HB 是 UL 94 和 CSA C22.2 No 0.17 标准中最低的阻燃等级，要求对于 3～13mm 厚的样品，燃烧速度小于 40mm/min；小于 3mm 厚的样品，燃烧速度小于 70mm/min；或者在 100mm 的标志前熄灭。V-2 是对样品进行两次 10s 的燃烧测试后，火焰在 60s 内熄灭，可以有燃烧物掉下。V-1 是对样品进行两次 10s 的燃烧测试后，火焰在 60s 内熄灭，不能有燃烧物掉下。V-0 是对样品进行两次 10s 的燃烧测试后，火焰在 30s 内熄灭，不能有燃烧物掉下。

1.10 塑料老化及防老化

塑料在加工、贮存和使用的过程中，由于各种内外因素的综合作用，物理和力学性能逐渐下降，最后丧失使用性能，这种现象称为老化。一般来说，塑料的老化主要表现为：外观的变化如龟裂、失光、变色；物理化学性能变化如玻璃化转变温度、熔体流动速率、分子量和分子量分布的变化；力学性能的变化如拉伸强度、冲击强度、弯曲强度、断裂伸长率和弹性等的变化；电性能变化如绝缘电阻、击穿电压和介电损耗的变化等。

促使塑料老化的外界因素包括物理的（热、光、电、机械和辐射能作用）和化学的（氧、臭氧、水、酸碱作用）。塑料老化的化学过程和微观结构的变化是十分复杂的，包括分子链断裂、交联侧基的变化等。老化过程的主要反应历程，包括链引发、链增长和链终止反应。老化测试的方法可分为两大类：一类是自然老化测试方法，另一类是人工加速老化测试方法。

自然老化测试方法是利用自然环境条件进行的老化试验，它主要包括自然气候暴露试验方法、耐光性试验方法、仓库贮存试验方法、加速自然气候暴露试验方法等。

人工加速老化测试方法是在实验室内用各种老化箱进行的老化试验，老化箱模拟自然环境条件的某些老化因素，加以强化，从而加快材料的老化进程，较快得到试验结果。这类方法主要包括人工气候老化试验方法、热老化试验方法、湿热老化试验方法、霉菌试验方法、盐雾试验方法等。在这些方法中，自然老化试验是最重要、最可靠的方法，但也是最费时间的方法。

各种防老化的方法如下：物理方法如涂漆、镀金属、浸漆或涂布防老剂溶液；化学方法是根据材料的性能特点和老化反应机理，选择相应的防老剂和其他助剂如抗氧剂、紫外线吸收剂、光屏蔽剂、猝灭剂、游离基捕获剂、着色剂、阻燃剂、抗静电剂和润滑剂等,加到塑料中去。

1.11 内应力对塑料产品性能的影响

塑料产品中内应力的存在会严重影响产品的力学性能和使用性能,由于产品内应力的存在和分布不均,产品在使用过程中会产生裂纹。在玻璃化转变温度以下使用时,常发生不规则的变形或翘曲,还会引起制品表面"泛白"、浑浊、光学性质变差。

在快速冷却条件下,取向会导致聚合物内应力的形成,由于聚合物熔体的黏度高,内应力不能很快松弛,影响制品的物理性能和尺寸稳定性。下面分项讨论注射过程各参数对取向应力的影响。熔体温度高,黏度低,剪切应力降低,取向度减小,另外,由于熔体温度高会使应力松弛加快,促使取向能力增强。同时要考虑在不改变注射压力和速度的情况下,型腔压力会增大,强剪切作用又导致取向应力的提高;在喷嘴封闭以前,延长保压时间,会导致取向应力增加;提高注射压力或保压压力,会增大取向应力;模具温度高可保证制品缓慢冷却,缓解取向作用;增加制品厚度使取向应力降低,因为厚壁制品冷却慢,黏度提高慢,应力松弛的时间长,所以取向应力小。

在注射时,熔体和型腔壁之间温度梯度很大,先凝固的外层熔体要阻止后凝固的内层熔体的收缩,结果在外层产生压应力(收缩应力),内层产生拉应力(取向应力)。如果在制品冷却初期型腔压力不足时,制品的外层会因凝固收缩而形成凹陷;如果在制品已形成冷硬层的后期型腔压力不足时,制品的内层会因收缩而分离或形成空穴;如果在浇口封闭前维持型腔压力,有利于提高制品密度,消除冷却温度应力,但是在浇口附近会产生较大的应力集中。

1.12 塑料产品标识

塑料产品的标识符号是为了客户以及后续回收塑料的企业可以更好地识别塑料材料的类别与型号,当然在生产过程中,也可以比较容易识别,避免用错塑料材料。表 1-12 为塑料产品标识。

表 1-12 塑料产品标识

序号	标志名称	标志图形	适用范围
1	可重复使用		成型后制品可以多次重复使用,且性能满足相关规定要求的塑料

续表

序号	标志名称	标志图形	适用范围
2	可回收再生利用		废弃后，允许被回收，并经过一定处理后，可再加工利用的一类塑料
3	不可回收再生利用塑料		废弃后，不允许被回收再加工利用的一类塑料
4	再生塑料		经工厂模塑、挤塑等预先加工后，用边角料或不合格模制品在二次加工厂再加工制备的热塑性塑料
5	再加工塑料		由非原加工者，用废弃的工业塑料制备的热塑性塑料
6	医用塑料		用于医药的塑料
7	食品包装用塑料		用于食品包装的塑料

1.13 透明塑料注塑生产中应注意的问题

透明塑料由于透光率高，对塑料制品表面质量要求严格，不能有斑纹、气孔、泛白、雾晕、黑点、变色、光泽不均等缺陷，因而在整个注射过程中对原料、设备、模具都提出严格甚至特殊的要求。由于透明塑料多为熔点高、流动性差的材料，因此为保证产品的表面质量，往往要仔细调整注射温度、注射压力、注射速度等工艺参数，使注射时既能充满料，又不会产生内应力而引起产品变形和开裂。

(1) 原料的准备与干燥

塑料中任何一点杂质，都可能影响产品的透明度，因此在储存、运输、加料过程中，必须注意密封，保证原料干净。特别是原料中含有水分，加热后会引起原料变质。还要注意一点的是干燥过程中，输入的空气应经过滤、除湿，以便保证不污染原料。

(2) 料筒、螺杆及其附件的清洁

为了防止在螺杆及附件凹陷处存有旧料或杂质,特别是热稳定性差的树脂存在,造成原料污染,因此在使用前、停机后都应用螺杆清洗剂清洗干净,没有螺杆清洗剂时,可用 PE、PS 等树脂清洗螺杆。临时停机时,为防止原料在高温下停留时间长引起降解,应将干燥机和料筒温度降低或者维持保温状态。

(3) 模具设计时应注意的问题

为了防止出现回流不畅,或冷却不均造成塑料成型不良,产生表面缺陷和变质,在模具设计时,应注意以下几点:①壁厚应尽量均匀一致,脱模斜度要足够大。②过渡部分应按产品设计标准执行。圆滑过渡,防止有尖角、锐边产生。③浇口、流道尽可能宽大、粗短,且应根据收缩冷凝过程设置浇口位置,必要时应加冷料井。④模具表面应光洁,粗糙度低(最好低于 0.8)。⑤排气孔或槽必须足够,以及时排出空气和熔体中的气体。

(4) 注塑工艺方面应注意的问题(包括注塑机的要求)

为了减少内应力和表面质量缺陷,在注塑工艺方面应注意以下几方面的问题。①应选用专用螺杆、带单独温度控制喷嘴的注塑机。②在塑料树脂不降解的前提下,宜用较高注射温度。③采用较高的注射压力,以克服熔料黏度大的缺陷。④注射速度:一般宜低,最好能采用慢-快-慢多级注射。⑤保压时间和成型周期:在满足产品充模,不产生凹陷、气泡的情况下,宜尽量短,以减低熔料在料筒的停留时间。⑥螺杆转速和背压:在满足塑化质量的前提下,应尽量低,防止材料降解。⑦模具温度高一些较好。

第 2 章
注塑机构造及选用

注射成型主要利用了塑料的热力学性质。把塑料从料斗加入料筒中，料筒外由加热圈加热，使塑料熔融。料筒内装有旋转的螺杆，由外动力马达驱动。塑料在螺杆的剪切作用下，沿着螺槽向前输送并压实，在料筒外的加热圈和螺杆剪切力的双重作用下，产生足够的热量，逐渐使塑料进行塑化、熔融和均化。当螺杆旋转时，塑料原料在螺槽的摩擦力及剪切力的作用下，把已熔融的物料推到螺杆的头部，与此同时，螺杆在塑料的反作用下后退，使螺杆头部形成储料空间，完成塑化过程。然后，螺杆在注射油缸的活塞推力作用下，以高速、高压，将储料室内的熔融塑料通过喷嘴注射到模具的型腔中。当型腔中的熔体经过保压、冷却和固化定型后，在锁模机构的作用下开启模具，通过顶出装置把成型好的产品从模具内顶出。注塑工作周期简图如图 2-1 所示。图 2-2～图 2-7 是注塑机工作过程的图示。

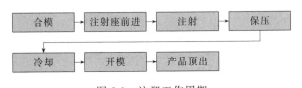

图 2-1　注塑工作周期

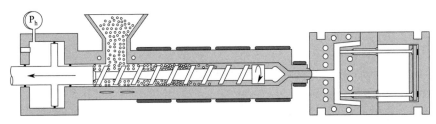

图 2-2　开始塑化

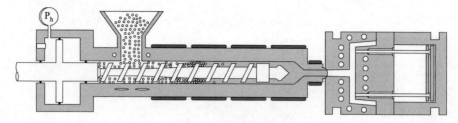

图 2-3　塑化完成

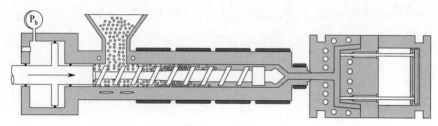

图 2-4　注射

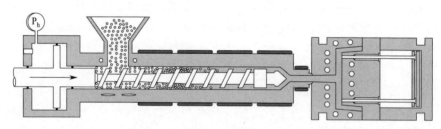

图 2-5　保压

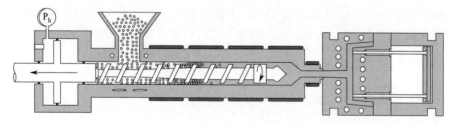

图 2-6　冷却

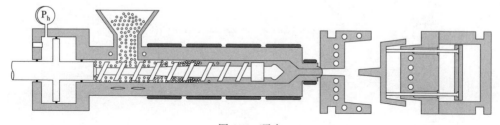

图 2-7　顶出

2.1 注塑机的分类

按合模部件与注射部件配置的形式分类,注塑机有卧式注塑机、立式注塑机、角式注塑机三种。

(1) 卧式注塑机

卧式注塑机是最常用的类型(图2-8)。其特点是注射总成的中心线与合模总成的中心线同心或一致,并平行于安装地面。它的优点是重心低,工作平稳,模具安装、操作及维修均较为方便,模具开合大,占用空间高度小;但缺点是占地面积大。目前大、中、小型机均有广泛应用。

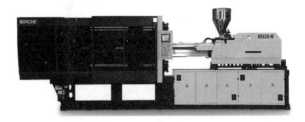

图2-8 卧式注塑机

(2) 立式注塑机

如图2-9所示,立式注塑机特点是合模装置与注射装置的轴线呈一直线排列而且与地面垂直。具有占地面积小,模具装拆方便,嵌件安装容易,自料斗落入的塑料能较均匀地进行塑化,易实现自动化及多台机自动线管理等优点。缺点是顶出的产品不易自动脱落,常常需要人工或其他的方法取出,不易实现全自动化操作;不适用大型产品注射;机身高,加料、维修都不方便。

图2-9 立式注塑机

图 2-10 角式注塑机

（3）角式注塑机

如图 2-10 所示，角式注塑机注射装置和合模装置的轴线互成垂直排列。根据注射总成中心线与安装基面的相对位置有卧立式、立卧式之分：①卧立式，注射总成中心线与基面平行，而合模总成中心线与基面垂直；②立卧式，注射总成中心线与基面垂直，而合模总成中心线与基面平行。角式注射机的优点是兼具卧式与立式注射机的优点，特别适用于开设侧浇口、非对称几何形状产品的模具。

2.2 注塑机的基本结构

注塑机是一个机电一体化很强的机种，根据注射成型工艺要求，其主要由注射部分、合模部分、机身、液压系统、加热系统、冷却系统、控制系统、加料装置等组成，如图 2-11 所示。

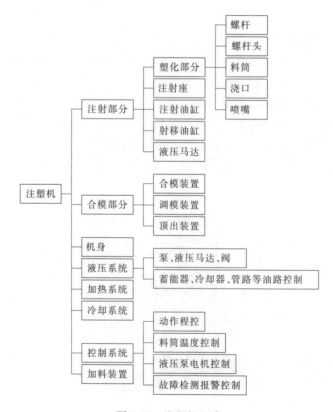

图 2-11 注塑机组成

2.2.1 注射部分

2.2.1.1 注射部分的工作原理

预塑时,塑化部分中的螺杆通过液压马达驱动主轴旋转,主轴一端与螺杆键连接,另一端与液压马达键连接。当螺杆旋转时,塑料颗粒塑化并将塑化好的熔料推到料筒前端的储料室中,与此同时,螺杆在熔料的反作用下后退,并通过推力轴承使注射座后退,通过螺母拉动活塞杆直线后退,完成计量。注射时,注射油缸的杆腔进油通过轴承推动活塞杆完成动作,活塞的杆腔进油推动活塞杆及螺杆完成注射动作。

2.2.1.2 注射部分的结构及作用

注射部分的结构是注塑机的核心部分,注射部分的基本结构如图 2-12、图 2-13 所示。

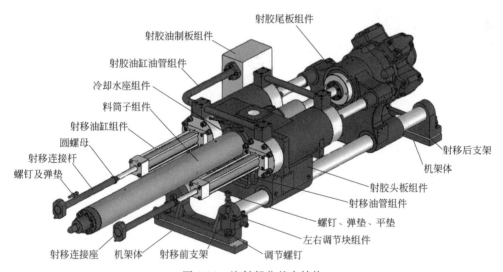

图 2-12 注射部分基本结构

注射部分主要工作如下。

① 注射:通过一个直线向前的动作把在料筒内熔化的物料注射进模具型腔内。

② 保压:是紧接着注射的动作,提供直线的动力把物料注射到型腔内,补偿因塑料在型腔内冷却过程中收缩的空间。

③ 松退/倒索:是一个直线向后的动作,把注射螺杆抽后,防止熔融物料从喷嘴口漏出。

④ 熔融(塑化):通过螺杆的旋转运动和料筒外侧加热圈的温度把从料斗进入到料筒内的塑料熔化。

⑤ 射台后退:直线向前及向后的动作把整个注射系统移动到紧接模具的主流道口及抽离模具。

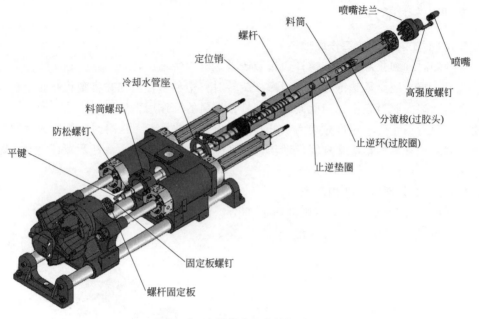

图 2-13 注射部分基本结构分解

⑥ 注射油缸的工作：注射油缸进油时，活塞带动活塞杆及其置于推力座内的轴承，推动螺杆前进或后退。通过活塞杆头部的螺母，可以对两个平行活塞杆的轴向位置以及注射螺杆的轴向位置进行同步调整。

⑦ 注射座：注射时，注射座通过推力轴推动螺杆进行注射；而预塑时，通过油马达驱动推力轴带动螺杆旋转实现预塑。

⑧ 射移油缸：当射移油缸进油时，实现注射座的前进或后退动作，并保证注射喷嘴与模具浇口套（唧嘴）的圆弧面紧密地接触，产生能封闭熔体的注射座压力。

对注射部件精度要求如下：装配后，整体注射部件要置于机架上，必须保证喷嘴与模具浇口套的圆弧面紧密地接合，以防溢料，要求使注射部件的中心线与其合模部件的中心线同心；为了保证注射螺杆与料筒内孔的配合精度，必须保证两个注射油缸孔与料筒定位中心孔的平行度与中心线的对称度；对卧式机来讲，座移油缸两个导向孔的平行度和对其中心的对称度也必须保证，对立式机则必须保证两个座移油缸孔与料筒定位中心孔的平行度与中心线的对称度。影响上述位置精度的因素是相关联部件孔与轴的尺寸精度、几何精度、制造精度与装配精度等。

注射部分的主要作用是：熔融及塑化塑料材料，将熔料射入型腔中及维持型腔内塑料的紧密填充而达到复制产品之目的。料筒中间温度过高，无法降下来，是由于螺杆磨损变得粗糙造成回料产生摩擦热造成，此时可减少回料背压。注意：塑料原料熔融时有 70% 的热量都是来自螺杆旋转时所产生的摩擦热，只有 30% 的热量是来自加热圈电热丝产生的热量。

2.2.1.3 注射量

注塑机台注射量单位为：ounces（oz）或 grams（g），1oz＝28.4g。注射量定义：注射量是一测量值（实际注射量值），使用 GPPS 材料（密度为 1.05g/cm³）熔融后，在注射喷嘴前无阻挡条件下，空射出后测量其最大重量即为注塑机的最大注射量。注射量（g）≈注射体积（cm³）×熔融材料的密度（g/cm³）。一般注塑机的注射量是以常温的材料密度乘以射出体积的 80%～85% 为可加工的注射量。注射量以重量表示，但由于注射的材料种类及密度不同，其数值自然也不同。注射量示意见图 2-14。

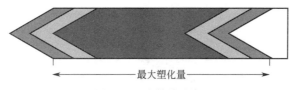

图 2-14 注射量示意

注射量选择参考见表 2-1。一般建议对于低精度要求的注塑件，使用注射体积介于注射容量 20%～80% 的注塑机台。而对于高精度要求的注塑产品则建议使用注射容量 40%～60% 范围的注塑机台。

表 2-1 注射量选择参考

注射量	注射范围
20%～80%	最佳注射范围
10%～20% 或 80%～90%	可接受注射范围
<10% 或 >90%	不建议注射范围

注塑件注射量计算方式如下。以 POM 为例，POM 塑料的密度为 1.42g/cm³。如果利用一台注射量为 8oz 的注塑机进行成型。则此台注塑机注射 POM 塑料产品的最大量为：8×1.42/1.05＝10.8(oz)。如果改以注塑 PP 塑料，因 PP 塑料密度为 0.86g/cm³，则利用此 8oz 注塑机成型最大的 PP 塑料产品重量为：8×0.86/1.05＝6.6(oz)。

机台注射量并不等于机台注射体积乘上 PS 的密度。因为机台注射量是一实际的测量值，但是机台注射体积则是一理论值，因为螺杆通道的逸漏回流，所以实际注射重量会比理论值小一点。注塑件重量加上流道系统的重量是注塑机要求的注射量，但一般选择适合的注塑机最好对应的产品注射量要落在注塑机注射量的 35%～85% 之间。

2.2.1.4 塑化部分

塑化部分有柱塞式和螺杆式两种，螺杆式塑化部分如图 2-15 所示，主要由螺杆、料筒、喷嘴等组成，塑料在旋转螺杆的连续推进过程中，实现物理状态的变化，最后呈熔融状态而被注入型腔。因此，塑化部分是完成均匀塑化、实现定量注射的核心部件。

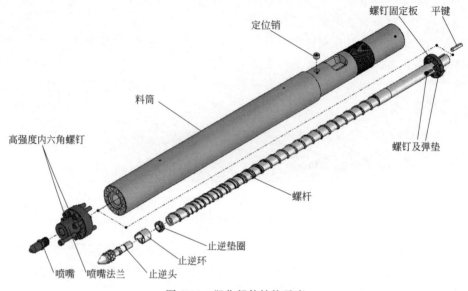

图 2-15　塑化部件结构示意

螺杆式塑化部件的工作原理：预塑时，螺杆旋转，将从进料口落入螺槽中的塑料连续地向前推进，加热圈通过料筒壁把热量传递给螺槽中的塑料，固体塑料在外表加热圈的加热和螺杆旋转剪切双重作用下，并经过螺杆各功能段的热历程，达到塑化和熔融，熔料推开止逆环，经过螺杆头的周围通道流入螺杆的前端，并产生背压，推动螺杆后移完成熔料的计量，在注射时，螺杆起柱塞的作用，在油缸作用下，迅速前移，将储料室中的熔体通过喷嘴注入模具。

(1) 螺杆

螺杆是塑化部件中的关键，和塑料直接接触，塑料通过螺槽的有效长度，经过很长的热历程，要经过三态（玻璃态、黏弹态、黏流态）的转变，螺杆各功能段的长度、几何形状、几何参数直接影响塑料的输送效率和塑化质量，将最终影响注射成型周期和产品质量。与挤出螺杆相比，注射螺杆具有以下特点：①注射螺杆的长径比和压缩比较小；②注射螺杆均化段的螺槽较深；③注射螺杆的加料段较长，而均化段较短；④注射螺杆的头部结构具有特殊形式；⑤注射螺杆工作时，塑化能力和熔体温度将随螺杆的轴向位移而改变。

注射螺杆按其对塑料的适应性，可分为通用螺杆和特殊螺杆，通用螺杆又称常规螺杆，可加工大部分低、中黏度的热塑性塑料，结晶型和非结晶型的通用塑料和工程塑料，是螺杆最基本的形式；与其相应的还有特殊螺杆，是用来加工用普通螺杆难以加工的塑料品种。按螺杆结构及其几何形状特征，可分为常规螺杆和新型螺杆，常规螺杆又称为三段式螺杆，是螺杆的基本形式；新型螺杆形式则有很多种，如分离型螺杆、分流型螺杆、波状螺杆、无计量段螺杆等。

常规螺杆的螺纹有效长度通常分为加料段（输送段）、压缩段（塑化段）、计量段（均化段），根据塑料性质不同，可分为渐变型、突变型和通用型螺杆。

① 渐变型螺杆：压缩段较长，塑化时能量转换缓和，多用于PVC等热稳定性差的塑料。

② 突变型螺杆：压缩段较短，塑化时能量转换较剧烈，多用于聚烯烃、PA等结晶型塑料。

③ 通用型螺杆：通用型螺杆适应性比较强，可适应多种塑料的加工，避免频繁更换螺杆，有利于提高生产效率。

常规螺杆各段的长度占比如下：

螺杆类型	加料段（L_1）	压缩段（L_2）	均化段（L_3）
渐变型	25%～30%	50%	15%～20%
突变型	65%～70%	15%～5%	20%～25%
通用型	45%～50%	20%～30%	20%～30%

螺杆的基本结构如图2-16所示，主要由有效螺纹（长度L）和尾部的连接部分组成。

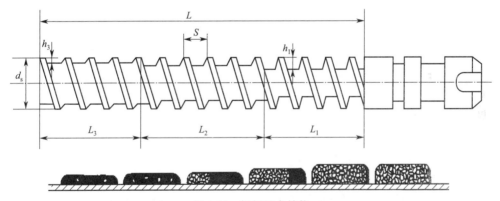

图2-16　螺杆基本结构

d_s——螺杆外径。螺杆外径直接影响塑化能力，也就影响到理论注射容积的大小，因此，理论注射容积大的注塑机，其螺杆直径也大。

L/d_s——螺杆长径比。L是螺杆螺纹部分的有效长度，螺杆长径比越大，说明螺纹越长，直接影响到塑料在螺杆中的热历程，影响能量的吸收，而能量来源有两部分：一部分是料筒外部加热圈传给的，另一部分是螺杆转动时产生的摩擦热和剪切热，由外部机械能转化的，因此，L/d_s直接影响到塑料的熔化效果和熔体质量，但是如果L/d_s太大，则传递扭矩加大，能量消耗增加。

L_1——加料段长度。加料段又称输送段或进料段，为提高输送能力，螺槽表面一定要光洁，L_1的长度应保证塑料有足够的输送长度，因为过短会导致物料过早熔融，从而难以保证稳定压力的输送条件，也就难以保证螺杆后面各段的塑化质量和塑化能力。塑料在其自身重力作用下从料斗中滑进螺槽，螺杆旋转时，在料筒与螺槽组成的各推力面摩擦力的作用下，物料被压缩成密集的固体塞螺母，沿着螺纹方向做相对运动，在此段，塑料为固体状态，即玻璃态。

h_1——加料段的螺槽深度。h_1越深，则容纳塑料越多，提高了供料量和塑化能力，但会影响塑料塑化效果及螺杆根部的剪切强度，一般$h_1 \approx (0.12 \sim 0.16)d_s$。

L_3——熔融段长度。熔融段又称均化段或计量段，熔体在L_3段的螺槽中得到进一步的均化，温度均匀，成分均匀，形成较好的熔体质量，L_3长度有助于熔体在螺槽中的波动，有稳定压力的作用，使塑料以均匀的料量从螺杆头部挤出，所以又称计量段。L_3短时，有助于提高螺杆的塑化能力，一般$L_3 = (4 \sim 5)d_s$。

h_3——熔融段螺槽深度。h_3越小，螺槽越浅，有助于提高塑料熔体的塑化效果，有利于熔体的均化，但h_3过小会导致剪切速率过高以及剪切热过大，引起分子链的降解，影响熔体质量；反之，如果h_3过大，由于预塑时，螺杆背压产生的回流作用增强，会降低塑化能力。

L_2——塑化段（压缩段）螺纹长度。塑料在此锥形空间内不断地受到压缩、剪切和混炼作用，塑料从L_2段入点开始，熔池不断地加大，到出点处熔池已占满全螺槽，塑料完成从玻璃态经过黏弹态向黏流态的转变，即此段塑料是处于颗粒与熔融体的共存状态。L_2的长度会影响塑料从玻璃态到黏流态的转化历程，太短会来不及转化，固料堵在L_2段的末端形成很高的压力、扭矩或轴向力；太长则会增加螺杆的扭矩和不必要的消耗，一般$L_2 = (6 \sim 8)d_s$。对于结晶型塑料，塑料熔点明显，熔融范围窄，L_2可短些，一般为$(3 \sim 4)d_s$，对于热敏性塑料，此段可长些。

S——螺距，其大小影响螺旋角，从而影响螺槽的输送效率，一般$S \approx d_s$。

ε——压缩比。$\varepsilon = h_1 / h_3$，即加料段螺槽深度h_1与熔融段螺槽深度h_3之比。ε大，会增强剪切效果，但会减弱塑化能力，一般来讲，ε稍小一点为好，以有利于提高塑化能力和增加对塑料的适应性，对于结晶型塑料，压缩比一般取$2.6 \sim 3.0$。对于低黏度热稳定性塑料，可选用高压缩比；而高黏度热敏性塑料，应选用低压缩比。

不同的塑料，因为其熔融的速度、熔融时吸收的热量、熔体黏度、吸水率、热稳定性等特性的差异，对于注塑机塑化螺杆的形状要求有很大区别。即使同一种塑料，因为产品不同，塑料所添加改性剂及填充物不同，或者混色的要求、熔融均化的要求不同，未熔时的颗粒形状不同，都对螺杆有不同的要求。对于一般未加阻燃剂的塑料，使用通用螺杆就可以加工，只要根据不同熔融黏度选用不同直径螺杆（大、中、小直径）即可。如果是性能较特殊的塑料（PA、PVC、乙酸纤维素CA、丙酸纤维素CP及热固性塑料等）、特殊产品（瓶坯、光学透镜、有色太阳镜片、PP-R管接头、液晶显示发光板等）或特殊颗粒形状（粉状、片状）的塑料，必须使用专用螺杆。

（2）螺杆头

在注射螺杆中，螺杆头的作用是：预塑时，能使塑化好的熔体流到储料室中，而在高压注射时，又能有效地封闭螺杆头前部的熔体，防止倒流。

螺杆头分为两大类：带止逆环的和不带止逆环的。对于带止逆环的，预塑时，螺杆均化段的熔体将止逆环推开，通过与螺杆头形成的间隙，流入储料室中，注射时，螺杆头部的熔体压力形成推力，将止逆环退回流道封堵，防止回流。如表2-2所示。

表2-2 注射螺杆头形式与用途

形式		结构图	特征与用途
无止逆环型	尖头形		螺杆头锥角较小或有螺纹，主要用于高黏度或热敏性塑料
	钝头形		头部为"山"字形曲面，主要用于成型透明度要求高的PC、AS、PMMA等塑料
止逆型	环形		止逆环为一光面环，与螺杆有相对转动，适用于中、低黏度的塑料
	爪形		止逆环内有爪，与螺杆无相对转动，可避免螺杆与环之间的熔料剪切过热，适用于中、低黏度的塑料
	销钉形		螺杆头颈部钻有混炼销，适用于中、低黏度的塑料
	分流形		螺杆头部开有斜槽，适用于中、低黏度的塑料

对于高黏度塑料如PMMA、PC、AC或者热稳定性差的物料如PVC等，为减少剪切作用和塑料的滞留时间，可不用止逆环，但这样注射时会产生反流，延长保压时间。

对螺杆头的要求：①螺杆头要灵活、光洁；②止逆环与料筒配合间隙要适宜，既要防止熔体回流,又要灵活;③既有足够的流通截面,又要保证止逆环端面有回程力,使在注射时快速封闭;④结构上应拆装方便,便于清洗;⑤螺杆头的螺纹与螺杆的螺纹方向相反,防止预塑时螺杆头松脱。

(3) 料筒

料筒是塑化部件的重要零件,内装螺杆、外装加热圈,承受复合应力和热应力的作用,结构如图 2-17 所示。

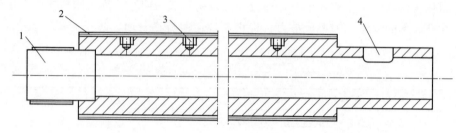

图 2-17　料筒结构

1—前料筒；2—加热圈；3—螺孔；4—进料口

① 料筒的壁厚　料筒壁要求有足够的强度和刚度,因为料筒内要承受熔料和气体压力,且料筒长径比很大,料筒要求有足够的热容量,所以料筒壁要有一定的厚度,否则难以保证温度的稳定性;但如果太厚,料筒笨重,浪费材料,热惯性大,升温慢,温度调节有较大的滞后现象。

② 料筒间隙　指料筒内壁与螺杆外径的单面间隙。此间隙太大,塑化能力降低,注射回泄量增加,注射时间延长,在此过程中引起物料部分降解;如果太小,热膨胀作用使螺杆与料筒摩擦加剧,能耗加大,甚至会卡死,此间隙 $\Delta = (0.002 \sim 0.005) d_s$。

③ 料筒的加热与冷却　注塑机料筒加热方式有电阻加热、陶瓷加热、铸铝加热,应根据使用场合和加工物料合理设置,常用的有电阻加热和陶瓷加热,为符合注射工艺要求,料筒要分段控制,小型机 4 段,大型机一般 9 段,甚至更多。冷却是指对进料口处进行冷却,进料口处若温度过高,塑料会在进料口处"架桥",堵塞料口,从而影响加料段的输送效率,故在此处设置冷却水套对其进行冷却。

(4) 进料口

进料口的结构形式直接影响进料效率和塑化部件的"吃料"能力,注塑机大多数靠料斗中物料的自重加料,常用的进料口截面形式如图 2-18 所示:对称形料口如图 2-18(a),制造简单,但进料不利;现多用非对称形式,如图 2-18(b)、(c) 所示,此种进料口由于物料与螺杆的接触角和接触面积大,有利于提高进料效率,不易在料斗中形成架桥空穴。

(5) 喷嘴

喷嘴是连接塑化装置与模具流道的重要部件,如图 2-19 所示。喷嘴有多种功

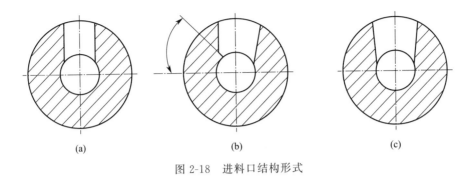

图 2-18　进料口结构形式

能：①预塑时,建立背压,驱除气体,防止熔体流涎,提高塑化能力和计量精度；②注射时,与模具浇口套形成接触压力,保持喷嘴与浇口套良好的接触,形成密闭流道,防止塑料熔体在高压下外溢；③注射时,建立熔体压力,提高剪切应力,并将压力头转变成速度头,提高剪切速度和温升,加强混炼效果和均化作用；④改变喷嘴结构使之与模具和塑化装置相匹配,组成新的流道形式或注射系统；⑤喷嘴还承担着调温、保温和断料的功能；⑥减小熔体在进出口的黏弹效应和涡流损失,以稳定其流动；⑦保压时,便于向模具内补料,而冷却定型时增加回流阻力,减小或防止型腔中熔体回流。

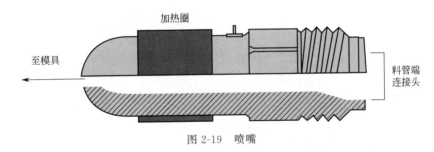

图 2-19　喷嘴

喷嘴可分为直通式喷嘴、锁闭式喷嘴、热流道喷嘴和多流道喷嘴。

直通式喷嘴是应用较普遍的喷嘴,其特点是喷嘴球面直接与模具浇口套球面接触,喷嘴的圆弧半径和流道比模具要小,注射时,高压熔体直接经过模具浇道系统充入模腔,速度快、压力损失小,制造和安装均较方便。

锁闭式喷嘴主要是解决直通式喷嘴的流涎问题,适用于低黏度聚合物（如PA）的加工。在预塑时能关闭喷嘴流道,防止熔体流涎现象,而当注射时又能在注射压力的作用下开启,使熔体注入型腔。

2.2.2　合模部分

合模（锁模）部分有全油压缸式和机铰式两种。

全油压缸式：由合模油缸直接启动和关闭的,如图 2-20 所示。优点：锁模力直接转换于模板中心，模板变形量小，零件磨损小。缺点：需要大直径油缸，零件加工精度要求高，维修困难。

图 2-20　全油压缸式合模

机铰式：由机铰把合模油缸的动力放大，如图 2-21 所示。优点：油缸体积小，速度相对高，机铰设计于合模尾段时，拥有优良的减速效果。缺点：零件数量多，磨损机会相对增加，因锁模力由机铰转换到二板顶部及底部，模板变形比较大。

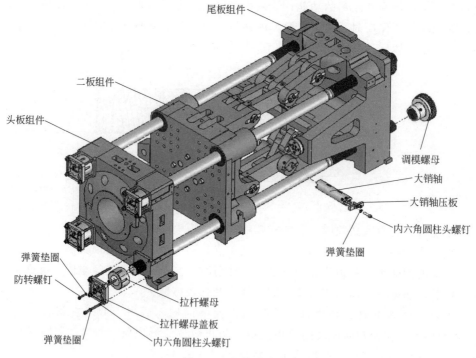

图 2-21　机铰式合模

2.2.3　液压系统

注塑机的动力是由液压系统进行控制的，主要包括电器和油路部分。油路控制过程如图 2-22 所示。

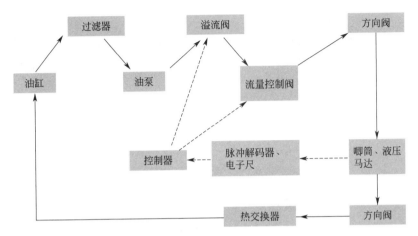

图 2-22　油路控制过程

溢流阀：按电控制器发出的指令控制压力油的油压，如图 2-23 所示。

流量控制阀：按电脑控制器发出的指令控制压力油的流速，如图 2-24 所示。

图 2-23　溢流阀　　　　　　　图 2-24　流量控制阀

方向阀：按电脑控制器发出的指令把压力油分配给需要的动力部件，如图 2-25 所示。

唧筒：提供直线动作，如图 2-26 所示。

图 2-25　方向阀　　　　　　　图 2-26　唧筒

液压马达（俗称油马达）：提供旋转动作，供熔融物料用，如图 2-27 所示。

热交换器：降低压力油的温度，如图 2-28 所示。

图 2-27 液压马达

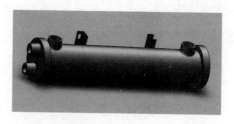

图 2-28 热交换器

电子尺:度量实际行程的电子零件,如图 2-29 所示。

图 2-29 电子尺

图 2-30 所示为注射油路案例。

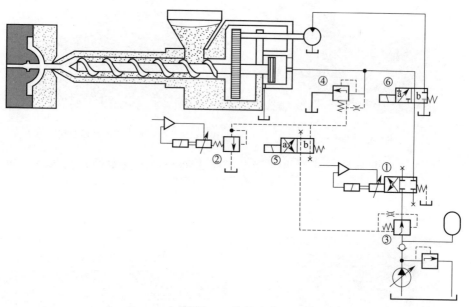

图 2-30 注射油路

2.3 选择注塑机

表 2-3 为选择注塑机应考虑的规格参数。根据不同的产品和塑料材料,选择不

同类型的注塑机,有时候还需要把公司的战略方向、产品定位考虑进去,再去决定选择类型。

表 2-3 注塑机规格选用要求

注射部分规格要求			
注射量/(g,oz)	塑化螺杆直径	螺杆长径比	注射体积/cm³
注射压力(max.)	注射行程	塑化能力	注射速率/(mm/s)
注射率/(cm³/s)	螺杆转速/(r/min)	螺杆马达转矩	合模力
合模部分规格要求			
开模行程	最大模具高度	最小模具高度	最大开模间隙
导杆空间	模板尺寸	顶出行程	顶出力

通过以上需求参数,再对照注塑制造厂商提供的注塑机型号的参数进行对比,进行选择。表 2-4 为博创注塑机的部分机台的参数表格,供各位进行学习。

2.3.1 注塑机注射量的选择

注射机台的注射量规格,可用来判断适合生产的产品重量,一般建议使用注射机最大注射量的 35%～85% 进行生产。若是产品重量过少,以大型注射机进行生产,则小模具容易发生锁模变形,且熔料在料管中的滞留时间也会过长,单位重量树脂的塑化加工成本会偏高,遇到产品缺陷时也较难通过工艺参数进行优化。

图 2-31 所示为计量示意简图。

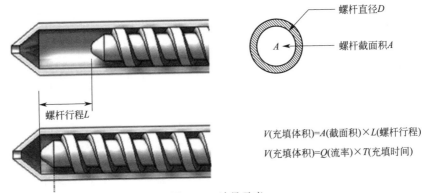

$V(充填体积)=A(截面积)\times L(螺杆行程)$

$V(充填体积)=Q(流率)\times T(充填时间)$

图 2-31 计量示意

产品注射成型时,需要有一定的注射体积量。而所需注射体积除以螺杆截面积后,便是螺杆所需最小行程。塑料具有可压缩性,因此实际产品所需注射体积会大于产品理论体积值,经验值而言,其实际注射体积约为理论体积的 1.2 倍左右,需根据材料特性与产品类别的不同而定。

假设有一套模具,注塑机及型腔相关参数如表 2-5 所示,计算螺杆所需最小行程为多少?

表 2-4 博创注塑机基本规格参数

	单位	BS120-Ⅲ			BS200-Ⅲ			BS320-Ⅲ			BS400-Ⅲ		
国际标准规格		388/120			849/200			2239/320			3266/400		
螺杆直径	mm	35	40	45	45	50	60	60	70	80	70	80	90
理论注射容积	cm³	182	238	302	389	481	692	989	1346	1759	1539	2010	2544
理论注射量(PS)	g	171	225	283	365	452	650	928	1266	1652	1446	1890	2366
理论注射量(PS)	oz	6.0	8.0	10.0	12.9	16.0	23.0	32.8	44.7	58.4	51.1	66.8	82.5
理论注射压力	MPa	212	162	128	218	176	123	226	166	127	212	162	128
螺杆长径比(L/D)		23.5	20.5	18	23	21	17	24.5	21	18.5	24	21	19
注射行程	mm	190			245			350			400		
理论最大螺杆转速	r/min	222			175			166			140		
理论喷嘴接触力	kN	30			30			70			80		
射移行程	mm	250			280			360			395		
理论锁模力	kN	1200			2000			3200			4000		
开模行程	mm	340			465			580			655		
模板尺寸	mm×mm	610×610			750×750			940×940			1060×1030		
拉杆间距	mm×mm	410×410			510×510			670×670			730×700		
模板最大距离	mm	790			1015			1235			1375		
容模量(最薄～最厚)	mm	145～450			180～550			220～655			245～720		
顶针行程	mm	100			150			180			205		
顶针出力	kN	34.4			49.5			77.3			111.3		
顶针数	unit	4+1			4+1			8+4+1			8+4+1		
液压系统压力	MPa	17.5			17.5			17.5			17.5		
液压马达功率	kW	11			18.5			37			45		
电热功率	kW	8.8			10.4			18.5			24.5		
温控区数	unit	4			5			6			6		
理论油箱容量	L	180			300			870			1200		
外形尺寸	m×m×m	4.5×1.38×1.73			5.43×1.63×1.99			7.02×1.88×2.23			8.4×2.18×2.24		
理论机重	kg	3500			5900			11000			15500		

表 2-5 计量相关参数范例

项目	参数
螺杆直径/mm	50
最大流率/(cm³/s)	344
流道体积/cm³	4.28
产品体积/cm³	38.36
总体积/cm³	42.64

$$螺杆截面积 = \frac{\pi \times D^2}{4} = 19.63 \text{cm}^2$$

螺杆所需最小行程：总体积/螺杆截面积＝42.64/19.63＝2.17(cm)

上述计算所得螺杆行程为理论体积值，实际上塑料在填充时会有压缩行为，因此建议设定成型参数时，再加上20%的行程值。

以此案例为例，最终总行程设定可设为：21.7×1.2＝2.604(cm)（上述方式未包含松退以及料垫区域设定）。

分析设定上输入的螺杆行程并非会全部进入型腔内，仅为计量上限值，程序仍会去计算实际能进入型腔的塑料量，多余的行程则不会被计算。

2.3.2 注塑机锁模力的选择

锁模力与注射压力和保压压力有直接的关系，而注射压力又受产品的形状、厚度和流道设计的影响。锁模力＝工件投影面积×锁模力常数。相关锁模常数参考表2-6。注意：产品胶位越薄，锁模常数取值就会越大。

表 2-6 不同塑料材料的锁模常数

塑料	常数/(t/in²)	塑料	常数/(t/in²)
GPPS	1.0~2.0	PMMA	2.0~4.0
HIPS	1.0~2.0	PA66	4.0~5.0
ABS	2.5~4.0	PBT	3.0~4.5
SAN	2.5~3.0	PET	4.0~6.0
LDPE	1.0~2.0	POM	4.0~5.0
HDPE	1.5~2.5	PPO	2.0~5.0
PP	1.5~2.5	PC	3.0~5.0

注：1in＝2.54cm。

2.3.3 注塑机装模尺寸的选择

由模具尺寸判断机台的哥林柱内距、模厚、模具最小尺寸及模盘尺寸是否适当，以确认模具是否放得下。模具的宽度及高度需小于或至少有一边小于哥林柱内距；模具的宽度及高度最后在模盘尺寸范围内；模具的厚度需介于注塑机的模厚之间；模具的宽度及高度需要符合注塑机的最小模具尺寸，太小也不行。图 2-32 为注塑机装模模板尺寸示例。

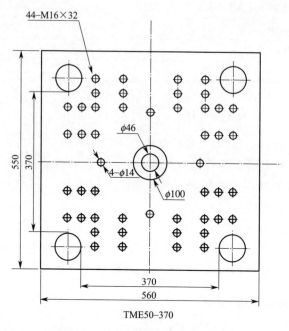

图 2-32　注塑机装模模板尺寸示例

370mm 所标注的位置就是哥林柱内侧尺寸，以上图示正常情况下，模具外形尺寸不能超过 370mm×370mm。

2.3.4　注射速度的选择

有些产品需要高注射速度才能稳定成型，在这种情况下就要考虑注塑机的注射速度是否足够，是否需要搭配蓄压器装置。一般而言，相同条件下，可提供较低射压的螺杆通常射速低，相反，可提供较高射压的螺杆通常射速较高。因此，选择螺杆直径时，注射量、注射压力和注射速度需要综合考虑及选择。

特别对于超薄零件产品，如果射速达不到产品的要求，会出现产品无法填充满或造成局部过保压，产品顶出变形。这种情况，就需要采用相应参数的高射速注塑机。

2.3.5　注塑机开模行程的选择

模具在注塑机内，首先需要装得进去，模具的外形尺寸满足注塑机的容模量后，模具的开模行程要保证产品顶出顺畅。一般的开模行程为 2 倍产品加流道高度的距离，如图 2-33 箭头所示。

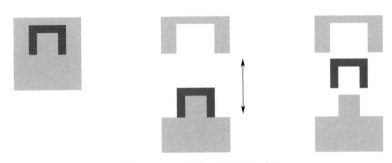

图 2-33　注塑机开模距离示例

2.3.6　注塑机容模量的选择

注塑机的容模量是指注塑机在合模状态的高度。这个高度也就是模具在注塑机内能够安放的最大高度。这个高度与注塑机的开模行程没有关联性，目前行业人员较容易混淆这两个概念。

厂商在注塑机出厂时就会明确地标明注塑机的容模量这类规格参数，模具设计工程师在设计模具时，不仅要考虑模具外形尺寸，还要考虑模具的总高度，以免模具无法装进注塑机，浪费人力物力。

第3章 注塑机工艺参数的设定

3.1 开合模工艺参数的设定

3.1.1 合模工艺参数的设定

合模（也称锁模）参数有：①4段合模速度；②4段合模压力；③各合模阶段的位置；④各合模阶段的时间。首先动模板以较快的速度合模，直到设定的快速合模位置时结束，即转换为中速合模阶段，此时合模动作得到缓冲，便于保护模具且运行平稳，当到达低压合模位置时，就进入了低压合模状态，此时锁模力立即下降，如果模具之间没有任何障碍物，就可以顺利进入高压合模状态，如果模具间夹有异物或模具导柱导套配合不好，则因压力过低，合模运动停止。当低压合模保护时间到达时模板还不能进入高压合模状态，则警报系统启动，机器自动报警且开模。这样可以达到保护模具目的。合模过程如图所示。

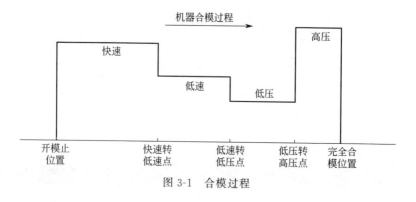

图 3-1 合模过程

在安装模具的调模过程中设置合模动作的参数,有四个阶段的速度和压力参数,以及控制合模过程的位置和时间。

高压合模至合模终止过程中有一高压检测时间,如果机器在规定时间内未能合模至终止确认,则发出报警。这样就需重新调模或者检查高压监控时间是否太短。为了便于理解,如表3-1所示为合模动作设置参考。

表3-1 合模动作设置

控制方式	快速阶段	中速阶段	低压阶段	高压阶段
	本阶段以速度为主要控制目标,通过调整压力来达到目标速度位置控制速度的转换点		本阶段以压力为主要控制目标,速度可大可小,以时间控制压力的转换点	
位置/mm	50	25	3.2	
时间/s	无需设定时间		5	2
压力/(kgf/cm^2)	60	50	10	100
速度比例/%	50	40	10	无需设定速度

在快速和中速阶段,主要以达到所设定的速度为目标,所设压力为最高工作压力,只有当速度未达到设定值时机器才会输出此压力,当速度达到设定值后,合模压力通常小于所设置的压力。快速转中速是用位置来控制的,即当模具达到相应位置后,合模动作就由快速转为中速,中速转低压也同样是用位置来控制的。在低压和高压阶段以压力达到设定值为主要控制目标,速度可大可小。低压转高压是通过时间来控制的,即正常情况下达到时间后就自动由低压阶段转入高压阶段,如果模具间夹有异物或模具导柱导套配合不好,则合模运动会停止,此时输出压力锁定为零,所以即使时间达到也不能由低压转入高压阶段。高压合模至合模终止的转换也是由时间来控制的,如果机器在规定时间内未能锁模至终止确认,则发出报警。这样就需重新调模或者检查高压监控时间是否太小。

检验参数设定是否正确的标准:开合模的最佳效果是机器在运作过程中无震动、异响,速度平稳,以保证机器与模具精度。

合模及模具保护设定的经验总结如下。

① 查看并确定模具开模所需行程(开模后脱模能人工或机械手把产品顺利取出为佳),大了影响周期,小了取产品不方便,要找到最佳位置。

② 合模一段。慢速和中速都可以,压力和速度不宜太高,机械和液压起缓冲作用,位置在5~20mm即可。

③ 合模二段。快速的位置应位于模具前后模导柱导套快要接触的位置再加10~20mm,速度可以调到65~95mm/s,压力30~70MPa左右(特殊模具除外)。

④ 合模三段。位置应为模具顶针板顶出行程最大位置加上10~20mm,压力应小于40MPa,速度小于30mm/s,主要是防止顶针板未退回、模具顶针断、脱模导柱拉伤未退回、脱模复位弹簧断等原因,造成顶针冲击撞坏前模。

⑤ 合模低压。一般<5MPa或者设为0,速度在30mm/s以内(热固性产品和模具温度高的,适当调整低压压力,能推动模具到高压位置就可以了)。

⑥ 合模高压。如果模具质量不是太差，高压压力在 80MPa 左右就可以。压力过高会导致设备和模具都有不同程度的损伤，合模压力高同时导致模内压高，注射压力相应增大，设备能耗高，还会导致产品烧焦和发黄、射不满料等现象，或者生产中停电，来电后模具无法打开。先手动调模，调整好模具所需要的合模高压压力，再把压力或位置设定为 0，看机器显示屏显示的实际位置加上 0.1~0.2mm 为高压位置，再把压力原来设定的参数适当降一些再试（例：原压力设定为100MPa，改为 90MPa 再试试能否完成合模动作），直到找出刚好能合好模具的合模压力，速度要小于 30mm/s，适当调整压力、速度，使整个合模动作顺畅，而且不要有机械和模具碰撞的声音，合模动作就设定完毕了（这样可以延长机器和模具的寿命，减少维修成本）。

3.1.2 开模工艺参数的设定

开模参数有：①4 段开模速度；②4 段开模压力；③各开模阶段的位置。当熔融物料注入型腔内至冷却完成后，接着便是开模动作。开模过程分 4 段：前慢—快速—中速—后慢。第一段慢速开模，避免拉裂塑件表面，消除开模时噪声。第二段快速开模有利于缩短生产周期，提高生产效率。第三段中速开模，有利于动模板平滑过渡到慢速开模，消除机器震动，使机器动作更平稳。第四段慢速开模，可以使机器准确地停留在开模终止位置。从而保证顶针动作的正常输出。开模过程如图 3-2 所示。

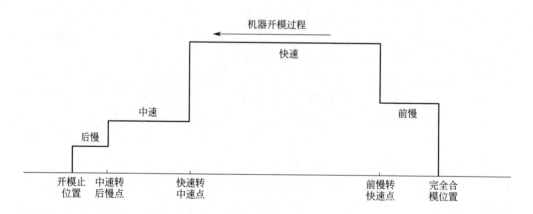

图 3-2 开模过程

开模参数也在调模过程中设置，要设置的参数有 4 段的速度和位置，应根据机台大小，以机台动作平稳为原则进行调整。前段慢速开模是为了避免拉裂塑件表面，所以此行程不必太长；第二段快速开模的行程应长，一般在刚好导柱与导套分离的距离；第三段中速开模与第四段慢速开模也不必太长。现举例如表 3-2 所示。

表 3-2 开模参数参考

项目	前慢	快速	中速	后慢
位置/mm	5	60	5	5
压力/(kgf/cm^2)	最高工作压力			
速度比例/%	10	60	30	10

在开模过程中主要以达到所设定的速度为目标,所设压力为最高工作压力,只有当速度未达到设定值时机器才会输出此压力,当速度达到设定值后,开模压力通常小于所设置的压力。

3.2 注射台座的动作参数设定

注射台座(也称射台)动作主要参数有:①射台快进、慢进、快退、慢退的速度;②射台快进、慢进、快退、慢退的压力;③射台慢进到位的位置;④射台快进、快退、慢退的时间。在手动操作时,可设定射台前进及后退的位置和时间,这两个动作的速度及压力均是在出厂时设定的,操作者是不能任意调节的。在注射动作之前,射台会前进,使喷嘴紧贴模具浇口,在注射进行时,射台亦继续前进,使喷嘴紧贴模具浇口,以防止漏料。射台前进动作分为快进与慢进两个阶段。在物料熔融及倒索后,可选择令射台后退,以增加模具冷却效率,用以拉断浇口。射台退动作分为慢退与快退两个阶段。射台快进、快退、慢退三个动作都是由工作时间来控制的,即用时间来决定该动作的开始与结束。慢进由射台到位位置控制,即由位置来控制慢进的结束。

3.3 压力的设定

注射成型过程中,压力有较多的种类,表 3-3 首先对压力进行了分类,对作用以及设定原则进行了简单的归纳,下面将做详细的描述。

表 3-3 压力类型简介

类型	作用	设定原则
注射压力	用以克服熔体从喷嘴—流道—浇口—型腔的压力损失,以确定型腔被充满	①必须在注塑机的额定压力范围内; ②设定时尽量用低压; ③尽量避免在高速时采用高压
保压压力	①补充靠近浇口位置的料量,防止制件收缩、避免缩水、减少真空泡; ②减少制件因受过大的注射压力而产生粘模、爆裂或弯曲	①保压压力及速度通常设定至塑料充满型腔时最高压力及速度的 50%~60%; ②保压时间的长短与料温有关,温度高的浇口封闭时间长,保压时间也长; ③保压与产品投影面积及壁厚有关,厚而大者需要的时间较长; ④保压与浇口形状、大小有关

续表

类型	作用	设定原则
背压压力	①提高熔体的密度； ②使熔体塑化均匀； ③使熔体中含气量降低	①背压的调整应考虑塑料原料的性质； ②背压的调整应参考制品的外观质量和尺寸精度
顶出压力	使产品脱离模面	①使产品从模具上脱离； ②产品顶出时不破裂、变形； ③顶出力必须能使顶针顶到预设的位置

3.3.1 注射压力的设定

注射压力是指注射时在螺杆头部（计量室）的熔体压力。注射压力的作用是克服熔体从料筒流向型腔的阻力，给予熔体一定的充模速率并对熔体进行压实。注射压力过低会导致熔体不能充满型腔；反之，注射压力过高，不仅会造成产品溢边、胀模等不良现象，还会使产品产生较大的内应力，对模具及注塑机产生较大损害。

在注射过程中，随着注射压力的增大，塑料的充模速度加快、流动长度增加和产品中熔接缝强度的提高，产品的重量可能增加。所以成型大尺寸、形状复杂和薄壁产品，宜用较高的压力；对那些熔体黏度大、玻璃化转变温度高的材料（如聚碳酸酯等）也宜用较高压力。但产品中内应力也随注射压力的增加而变大。

注塑产品的表面光洁度和品质均匀程度，主要取决于填充过程中熔体前沿的流动速度。所以注塑机在注射过程中需要比较精确地控制注射速度，注射压力只需控制在一定范围内，通常根据不同的射速段，设置该段的最大注射压力和最小注射压力。只有当速度未达到设定值或遇到阻力大于所设定的压力时，机器才会输出此所设定的最大注射压力，此时如果仍不能达到所设定的注射速度，注射压力将不再增加。所以，在填充阶段注射压力主要是通过影响注射速度来间接影响注塑产品的质量。

3.3.2 保压压力的设定

保压是为了补偿模具中塑料的收缩，需继续维持熔体流动的压力。保压压力对成型产品的品质有很大影响。保压压力不足会造成产品凹陷、气泡等缺陷；保压压力过大时会出现过度填充，浇口附近应力过大，脱模困难，毛边等问题。为改善产品的质量，也可采用分段保压压力控制，一般采用的方式有下列两种：

① 逐段下降的保压压力　可以避免过度保压，减少浇口附近与流动末端的密度差，并可减少残余应力，避免变形。

② 先低后高的保压压力　第一段采取较低的保压压力，可防止毛边产生；第

二段采取较高的保压压力,在表层已固化时,可提高保压压力补偿收缩,避免表面凹陷。

3.3.3 背压压力的设定

背压压力:代表的是塑料塑化过程所承受的压力,又称塑化压力。背压对塑化质量和塑化能力有较大影响。提高背压有助于料筒内螺槽中塑料的压实,提高剪切效果,驱赶塑料中的气体。背压的增大使系统阻力增大,螺杆回退速度减慢,延长了塑料在料筒中的热历程,使塑料塑化质量得到改善。

合适的背压压力有助于提高制件质量。

① 料筒内的熔料在预塑过程中经过较长时间的搅拌才会被推到螺杆前端,因此颜色的混合效果比未加背压好。

② 背压压力使得料筒越往前端压力越高,排除塑料中的各种气体的力量越大,有助于制件减少银纹或气泡。

③ 在一定压力下,螺杆螺槽各个部位的塑料都将较顺利地不停顿地向前移动,这样可避免料筒内出现局部滞料情况。在对料筒进行清洗或换料、换色时,不要忘记将背压压力调高到一个合适的程度,才能获得快速高效的结果。

背压压力调得太低时,螺杆回退过快,从料斗流入料筒的塑料颗粒密度小,空气量大,在注射时会消耗一部分压力来压实熔融塑料和排除空气。更严重的是,如果背压低,螺杆转速又不高,将导致塑化效果很差。背压压力太高时,螺杆后退受到较大阻力,降低塑化效率,易导致材料的热分解或交联变质,着色剂变色程度亦增大;预塑机构和螺杆料筒机械磨损增大,预塑周期延长,生产效率下降;喷嘴容易发生流涎,回料量增加。一般情况,背压压力的确定应在保证产品质量优良的前提下越低越好,通常很少超过 $20kg/cm^2$。

3.3.4 顶出压力的设定

顶出压力是指在注射成型完成后,模具型腔内的产品脱离模具表面所需要的力。

顶出压力的大小会影响到产品顶出效果。如产品是否会顶变形、顶裂,有侧面拉伤等外观缺陷。顶出力太大的情况下,顶出产品是没有问题,但是很容易使顶针板顶变形,同时也浪费能源,噪声也大,降低模具寿命。顶出力太小的情况下,顶出位置达不到设定的点,容易造成产品无法取出,或产品未取出就存在回退现象,压伤模具。

顶出力大小的确定:顶出力需要克服回位弹簧的力,还要克服产品粘在模具型腔的力,所以需要同时克服以上两个阻力之和才可能完整地把产品顶出模具型腔。

3.4 速度的设定

注射成型过程中，速度有较多的种类，表 3-4 首先对于速度进行了分类，对作用以及设定原则进行了简单的归纳，下面将做详细的描述。

表 3-4 速度类型简介

类型	作用	设定原则
注射速度	①注射速度提高将使充模压力提高；②提高注射速度可使流动长度增加；③高速射出时黏度高，冷却速度快，适合长流程产品	①防止胀模及避免产生飞边；②防止速度过快导致烧焦；③保证产品品质的前提下尽量选择高速填充，以缩短成型周期
熔融速度	影响塑化能力，是塑化质量的重要参数，速度越高，熔体温度越高，塑化能力越强	①熔融速度调整时一般由低向高逐渐调整；②螺杆直径大，转速应低；螺杆直径小，转速应高
顶针速度	保证产品顺利脱模而又不会使产品变形或被顶裂	①前段顶出要慢，防止产品变形或顶裂；②后段速度要快，但需保证顶出平稳
开合模速度	合理的开合模速度是保证机台及生产正常运行的必要条件	①保证机台运行平稳，振动最小；②所设定的开合模速度应使得开合模所需时间尽量短；③开合模的速度切换合理；④遵循慢—快—慢的原则

3.4.1 注射速度的设定

注射速度是指螺杆向前推进的速度。熔料进入型腔的速度和压力的形成一样，受制于"前阻后推"，而不完全由注射速度所决定，其他影响因素或包括注射压力的大小、熔料的流动性、型腔形状及浇口流道的形式和尺寸等。不同的充模速度可出现不同的充模效果。

低速注射时，料流速度慢，熔料从浇口开始逐渐向型腔远端流动，前端呈球状，先进入型腔的熔料先冷却从而流速减慢，接近型腔壁的部分成高弹态的薄壳，而远离型腔壁的部分仍为黏流态的热流，继续延伸球状的流端，至完全充满型腔后，冷却壳的厚度加大并变硬。这种慢速充模由于熔料进入型腔时间长，冷却使得黏度大，流动阻力也增大，需要用较高注射压力充模。

低速充模的优点是流速平稳，产品尺寸比较稳定，波动较小，而且因料流剪切速度减小，产品内应力小，并使产品内外应力趋于一致，减少应力开裂。在较为缓慢的充模条件下，料流的温差，特别是浇口前后料的温差大，有助于避免缩孔和凹陷的发生。低速充模的缺点是当充模时间延续较长时，容易使产品出现分层和结合不良的熔接痕，不仅影响外观，而且使机械强度大大降低。

高速注射时，料流速度快，熔料从浇口射入型腔，直到熔体冲撞到前面的型腔壁为止，后来的熔料继续压缩，最后相互折叠熔成为一个整体。

高速充模的优点：熔料很快充满型腔，料温下降得小，黏度下降得也小，可采用较低的注射压力，是一种热料充模态势。这种高速充模能改进产品的光泽度和平滑度，消除了熔接痕及分层现象，收缩凹陷小，产品颜色更均匀一致，产品厚度较大部分也能保证丰满。

高速充模的缺点：充模速度过快，有可能转化成"自由喷射"，带来一系列问题。首先是出现湍流或涡流，还会混入空气，使产品"发胖"起泡，特别是当模具浇口太小、型腔排气不好时，势必会因产品内部来不及排气而产生大小不一的气孔；其次是塑料在流道、浇口等狭窄处所受的摩擦及剪切力大，使局部区域温升过高，产品泛黄，更甚者，由于型腔内空气来不及排出，急剧压缩下产生更大的热而使产品烧焦。最后，由于料流速度紊乱，会出现充模不均现象。例如对于熔融黏度高的塑料，有可能导致熔体破裂，使产品表面产生云雾斑。高速充模也增加了由内应力引起的翘曲和厚件沿熔接痕开裂的倾向。

3.4.2 熔融速度的设定

熔融速度是由熔融压力提供动力，把颗粒状的粒料熔化的设定速度。螺杆转速是决定材料剪切速率和剪切热的重要参数，直接影响塑化能力、塑化质量和成型周期。提高螺杆转速，则塑化能力增加、塑化时间缩短、熔体温度也随之升高，但温度的均匀性可能有所降低。

熔融速度不是越高越好，当熔融速度高时，材料极易分解，对于颜色要求较高或颜色鲜明的产品会产生外观缺陷，同时产品强度等其他的力学性能也会发生一定的变化。当熔融速度低时，会产生熔融不均匀，与色母混合后塑料材料中会存在未熔化的小型颗粒，造成产品色差或表面颗粒等外观缺陷。不同塑料材料及添加不同比例回料的塑料，所对应的熔融速度都会存在一定的差异，需要不断调试，找到最佳熔融速度。

3.4.3 顶出速度的设定

顶出是指在模具型腔内的产品，通过模具的顶出系统使产品脱离模具表面的过程。顶出速度受顶出压力所影响。

顶出速度快容易造成产品顶变形或顶针部位顶高的现象；当顶出速度慢时，注塑生产效率会降低。所以从整体公司利益角度出发，顶出速度不是越快越好。最佳的顶出速度是在保证顶出时，顶针板不会发生振动和明显的噪声，顶出顺畅，无卡顿。

3.4.4 开合模速度的设定

开合模速度是指模具打开到最终位置过程中，每一个位置段所用的速度。在注射成型过程中，开合模的速度越快，成型周期越短，生产效率越高，这也是企业追求的。

需要注意的是，开合模速度首先要保证模具在开合模过程中保持平顺，不会产生异响、振动。其次，对于有滑块、斜顶、油缸、齿轮等机构的模具，需要根据模具的具体过程调整开合模的速度，切勿盲目加快开合模速度。如果经验不足的话，建议低速开合模，在确认模具没有问题后，慢慢再加快开合模速度。

3.5 位置的设定

注射成型过程中，位置有较多的种类，表3-5首先对于位置进行了分类，对作用以及设定原则进行了简单的归纳，下面将进行详细的描述。

表3-5 位置类型简介

类型	作用	设定原则
射出位置	结合速度、压力控制塑料流动状态	①计量位置由产品填充量决定，通常在此值上加3～5mm缓冲量作为最终设定； ②向第二段射速的转换点，通常为切换至充满热流道、料头位置； ③向第三段射速的转换点，以成型品90%的填充程度来设定切换位置； ④保压切换点一般设定在成品90%～95%的填充程度的位置 （注：以上以四段为例）
保压位置	防止产品缩水或产品尺寸精度达不到设定的要求	①不产生毛边、产品超重、光泽差异等不良； ②位置尽量不要太大，以减少保压时间，提高效率
顶出位置	用以限制顶针前进、后退的距离，确保产品顺利脱模以及顶针准确复位	①顶出距离应遵循由小到大能顺利脱模的原则； ②对无顶出限位柱的弹簧复位模具应保证顶出时弹簧不至于被压坏； ③顶针退回时不能让顶针高出动模分型面； ④有滑块的模具顶针一定要退到位，避免相互产生干涉
开模位置	保证脱模取件时各动作能顺利地执行	①各切换位置间距不得小于30mm； ②最大的距离应由最大的速度来完成； ③最大开模位置应以方便取件（包括机械手）且取件时不伤及前模的分型面为原则； ④最大开模位置应以成型周期尽量短为依据

3.5.1 射出位置的设定

射出位置是指产品重量及产品形状达到前期设计的规格时，注塑机螺杆在各段的最终位置。射出位置对于产品来说是比较好确定的，但是要达到最优的状态，就需要有一定的技术经验。

由于产品的结构差异,产品的射出位置也会存在差异。一般情况下,产品厚胶位处,需要慢速;产品薄胶位处,需要快速。产品的结构越复杂,注射的段数就越多,注射设定的位置也会越多。对于一般类型的产品,分为三段位置进行注射。第一段位置为流道的重量和进入少量的胶量,第二段的位置为产品重量的95%,第三段的位置为产品重量的5%。对于复杂的产品,根据产品的特殊性,我们会把第二段的位置再划分为2~4段的位置。具体位置的合理性就需要根据注塑技术经验和模具的实际情况进行调整。

射出位置设定不合理,产品就会产生毛边、困气、熔接线不良等缺陷。对于产品外观要求不高或超薄产品一定要快速成型,没有必要分成多段注射成型,一般两段位置就完成了。产品越大、重量越重,分段的数量相应会增多。

3.5.2 保压位置的设定

保压位置就是注射与保压的切换点。填充阶段的注射控制以注射速度为主,保压阶段以压力控制为主。切换点设定过迟,会造成高的型腔内压力、过度填充(飞边等)、产品过重、高残余应力、模具受损、锁模装置承受较大应力等不良影响;切换点设定过早,会造成型腔内压力突降、短射、产品质量不足、熔接线结合不好、凹陷等不良影响。

加料量的调节:所谓调节料量,实质是调节料筒内制件所需料量与缓冲垫所需料量之和。缓冲垫存在有利于改善制件质量,因为在进行第二个制件注射时,进入型腔的熔融料前后密度和温度都将比较均匀一致,型腔充料状况是平稳的、制件表面光泽度好、色相均一、尺寸稳定、内应力小。相反,如果缓冲垫不足,充料状况将显得不够平稳,即使用较高的注射压力,也将由于进料前后压力、密度、温度的变化而影响制件的质量,很易导致收缩凹陷、中心缩孔、表面粗糙无光泽、色调不一等缺陷。

据测定,缓冲垫一般控制在加料总量的10%~20%左右,但聚丙烯类结晶型塑料以及ABS等塑料,缓冲垫或要更大一些,有时可达总量的50%。此外,制品性能还受材料性能、干燥情况、模具结构和注塑机性能的影响。

3.5.3 顶出位置的设定

顶出位置是指通过模具的顶出机构把模具型腔内的产品顶出到一定距离,这个距离要能够顺利取出产品。顶出距离短时,产品不容易取出或在取出过程中容易碰伤,影响产品成型周期和产品合格率。顶出距离长时,产品容易掉落,对于不需要掉落的产品而言,会增加产品的不良率,同时顶出距离越长,顶出所需要的时间也会更长,使得成型周期变长。所以顶出距离要选择一定的合适距离,一般情况下,顶出距离比产品的总高度高5~10mm,范围根据产品大小而定,产品越小,这个距离就越要取小值。

3.5.4　开模位置的设定

　　开模位置是指模具打开到能够取产品的最佳位置。从注射成型周期的角度来分析，开模位置是越小越好，但是开模位置太小容易造成产品取出困难或者机械手无法进入模具内取出产品。所以在满足操作的要求下，越小越好。

　　需要注意的是，开模位置会分为几段：第一段位置为前后模脱离几个毫米；第二段位置为导柱导套脱离的位置；第三段位置为最终停止的位置。一般情况下分为三段，如果模具结构复杂的情况下，开模位置会分为四段或五段，以保证模具打开顺畅，运行平稳，确保模具精度与寿命。

3.6　时间的设定

　　完成一次注射过程所需的时间称成型周期，也称模塑周期。成型周期直接影响劳动生产率和设备利用率。因此，在生产过程中，应在保证质量的前提下，尽量缩短成型周期。在整个成型周期中，以注射时间和冷却时间最重要，它们对产品的质量有决定性的影响，主要类型如表3-6所示。

表3-6　时间类型简介

类型	作用	设定原则
注射时间	注射时间由注射压力、注射速度以及产品的大小等因素来决定	①在保证产品成型的条件下尽可能让注射时间短； ②注射时间受料温、模温等因素的影响
冷却时间	①让产品固化； ②防止产品变形	①冷却时间是周期时间的重要组成部分，在保证产品质量的前提下尽可能使其短； ②冷却时间因熔体的温度、模具温度、产品大小及厚度而定
保压时间	①防止注射完后熔体倒流； ②冷却收缩的补缩作用	①保压时间因产品厚度不同而异； ②保压时间要因熔料温度的高低而异，温度高者所需时间长，低者则短
开合模时间	前后模分开，便于取出产品	①因模具结构差异，开合模时间会存在差异； ②开合模时间越短，成型周期就会变短，原则上是越短越好； ③开合模要保证模具动作顺畅，无异响
熔融时间	保证熔融充分	①由螺杆转速和背压相互控制； ②不要让熔融塑料在螺杆中停留的时间过长，以免引起塑料高温状态下分解、碳化
干燥时间	①增进表面光泽,提高弯曲强度及拉伸强度； ②提高塑化能力,缩短成型周期； ③降低原料中的水分及湿气	①干燥时间因原料的不同而不同； ②干燥时间的设定要适宜,太长会使得干燥效率降低甚至会使原料结块,太短则干燥效果不佳

3.6.1 注射时间的设定

注射时间是塑料对型腔内填充完成的时间,在整个注射成型周期内,所占的比例较小,一般约为 2~120s(特厚制件可高达 5~10min)。注射时间一般与产品的形状、壁厚、注射速度有很大的关联性。为了降低注射时间,提高注射速度是最明显的改善方式,但是注射速度的提高也会相应增加产品的品质缺陷。

一些智能注塑机无需设定注射时间,只要设定好注射速度,电脑会自动计算并显示出注射时间。有些注塑机也会设定注射时间,这种情况下当时间到达后,注塑机就会自动切换到下一个动作。

3.6.2 冷却时间的设定

在模具注塑行业中,冷却时间一般定义为在塑料产品完成注射后到前后模分开的这一段时间。当熔融塑料进入模具型腔、碰到模具表面时,熔体冷却的步骤就已经开始,会比所定义的时间更长一些。由于聚甲醛、尼龙及聚碳酸酯等半结晶材料的凝固温度很高,温度差量较小,所以需要冷却的时间变短。一般产品来说,在熔融完成后,产品应该已经有足够的冷却时间。如果在顶出产品时发现出问题的话,可慢慢将冷却时间延长,直至问题解决为止。

冷却时间主要决定于制品的厚度、塑料的热性能和结晶性能,以及模具温度等。冷却时间的设定,应以保证制品脱模时不引起变形为原则,冷却时间一般在 10~40s,对于超薄产品和工程塑料冷却时间会更短,部分产品几秒就可以完成冷却。冷却时间过长,不仅降低生产效率,对复杂产品还会造成脱模困难,强行脱模时甚至会产生脱模应力。产品的冷却时间是多方面因素影响的,所以不能定性为具体的多少秒,而是根据具体情况进行验证。

3.6.3 保压时间的设定

保压时间是指完成注射后,浇口完全固化的这一段时间。通常保压压力维持到浇口凝固后即可停止,太长的保压时间,会使物料产生较大的弹性形变,致使产品内应力和分子取向增大,导致产品力学性能降低,且延长了周期并浪费能源。保压时间太短,在浇口尚未凝固时就停止保压,会造成型腔内压力比流道内压力高,出现熔体倒流现象,从而使产品表面凹陷并产生残余应力。因此保压时间主要由浇口凝固时间决定,浇口大小的设计就显得很重要了。判断的依据是减少保压时间后,看料量或产品重量是否不变。一般情况下保压时间在 5s 之内。

3.6.4 开合模时间的设定

模具开合的时间是注射周期的主要部分,特别是对装有嵌件的模具更是如此,甚至在比较标准的模具中,模具开合时间占比也经常超过整个周期的 20%。

开合模时间设定要考虑模具的移动速度和移动距离，模具在打开并顶出产品过程中移动的距离应尽量短。当然，模具移动必须在模具再次关闭前，足以让产品顺利脱离模具，所以，让产品脱模所需移动距离越短，则其所花的时间越少。当注塑机处于良好状态时，从高速打开到低速顶出的转换能够相对平稳。设备需要一些保养以完成这些速度上的变化，但是这些花费可以从成型周期减少所节省的时间而得到更多的回报。为了达到最少的模具移动时间，调整减速限制开关，以便顶出过程中模具不会破坏产品，并优化行程的高速段。再者，要周期性保养以确保减速每次能良好重复。

注意：①缩短模具打开行程到所必需的最小距离，以便产品和流道脱落。②排除任何使顶出困难的因素，如顶针周围的飞边（披锋）。③缩短顶出行程到所需的最小值。④用最快的开模和合模速度，同时要适当地中止和闭合以防止损坏模具。⑤寻找所有合模和产生锁模压力中的阻延，它们表示机械或液压阀的故障。⑥在模具中大量的装嵌件活动也增加模具开合时间。⑦稍加考虑产品设计（减少倒扣）就往往能使顶出动作自动化或半自动化。⑧若开合模时间的延误是由模具损耗所导致，应修理模具。

3.6.5 熔融时间的设定

熔融时间是指塑料颗粒在注塑机的螺杆内融化，完成下一模注射需要的料量所花费的时间。熔融时间与产品的重量、塑料材料的温度、注塑机螺杆大小、螺杆转速、料筒的温度等都有关系。在企业中，材料的温度、螺杆的大小等基本上都是固定化的参数，螺杆转速和料筒温度是可以由注塑工程师进行调节的。

当螺杆转速快、料筒温度高时，熔融时间就会变短，但是材料可能会有分解或混色不均匀不良的风险。最佳的参数需要现场调试找出。

3.6.6 干燥时间的设定

干燥时间是指塑料颗粒在注射成型之前，把塑料颗粒中的水分降低到注射成型所需要的标准范围之内的时间。对于任何一种塑料材料，塑料材料供应商都会提供一个干燥温度范围参考值，大部分注塑企业都会参考这一数值进行干燥。当然，有些塑料材料不需要干燥就可以直接注射，而到了注塑企业，它们也会进行干燥，这样可以很好地提升注射过程中的塑化效率，从而降低注射周期，提高注塑机的利用率。

3.7 温度的设定

温度是注塑产品的生产过程中一个重要的参数，对产品的质量起决定性的影响，主要类型如表3-7所示。

表 3-7　温度类型简介

类型	作用	设定原则
材料温度	保证聚合物塑化良好,顺利充模,成型	①不致引起塑料分解碳化; ②从加料段至喷嘴依次上升; ③喷嘴温度就比料筒前段温度略低; ④依材料种类不同而所需温度不同
模温	控制产品在型腔中的冷却速度,以及产品的外观质量	①考虑聚合物的性质; ②考虑产品大小和形状; ③考虑模具的结构、流道系统
干燥温度	保证聚合物的含湿量尽量低而不至于超过允许的限度	①聚合物不至于分解或结块(聚合); ②干燥时间尽量短,干燥温度尽量低而不至于影响其干燥效果; ③干燥温度和时间因不同原料而异

3.7.1　材料温度的设定

材料温度是注射成型过程需要控制的温度,有料筒温度、喷嘴温度、模具温度和干燥温度等。每一种塑料都具有不同的玻璃化转变温度,同一种塑料,由于来源或牌号不同,其玻璃化转变温度及分解温度也是有差别的,这是由于平均分子量和分子量分布不同所致,塑料在不同类型的注塑机内的塑化过程也是不同的,因而选择料筒温度也不相同。

材料的温度越高,流动性就会越好,材料的密度会相应降低,产生飞边的可能性就越大,分解、碳化的风险变高。反之,温度越低,材料流动性会变差,密度升高,熔融效果差,对于透明产品的透明效果影响较大。注射成型过程中,尽量取塑料材料建议温度的中间值,有时候需要根据产品的实际情况进行调整。详细温度参考见表 3-8。

喷嘴温度:喷嘴温度通常略低于料筒的最高温度,这是为了防止采用直通式喷嘴时熔料可能发生的"流涎现象"。喷嘴温度也不能过低,否则将会造成熔料的早凝而将喷嘴堵塞,或者由于早凝料注入型腔而影响制品的性能。

表 3-8　部分塑料干燥参考表

塑料材料	干燥时间/h	干燥温度/℃
ABS	2～4	80～100
ABS/PA	1～3	80～100
ABS/TPC	3～4	80
POM	1～4	85
PMMA	2～3	70～100
PA6	2～4	80

续表

塑料材料	干燥时间/h	干燥温度/℃
PA66	2~4	80
PC	4	120
PC/PET	3~4	120
PC/ABS	3~4	80~110
PPS	2~3	130~150
PSF	4	130~140
PBT	2~4	120~140
	8	100
PET	2~4	140
		110
SAN	2~3	80~100

3.7.2 模具温度的设定

模具温度是通过外接控温器（或模温机），达到前期设定的值。模具温度对产品的内在性能和外观质量影响很大。模具温度的高低决定于塑料结晶性、产品的尺寸与结构、性能要求，以及其他工艺条件（熔融温度、注射速度及注射压力、成型周期等）。

比如较薄的产品或透明的产品，模具温度的设定就会较高。当产品的壁厚不影响注射成型时，尽量把模具温度降到最低或常温状态。一般情况下，模具温度会控制在 40~80℃ 之间，这种温度能够满足大部分的产品。对于特殊产品，模具温度需要到 100℃ 以上的话，温度控制器的安全性和操作规范要求就会提高很多。像热固性塑料的模具温度就达到了 160~200℃ 之间，这种情况一般直接使用发热棒进行温度的控制。

3.8 注射周期的设定

为了降低生产成本，提高注塑生产效率是一个很值得关注的问题。以下为改善注射周期的多种办法，供同行进行学习与参考。

3.8.1 注射周期组成部分分析与设定

图 3-3 为标准的注射周期。

一台油压驱动注塑机的注射周期是从合模开始到下一次合模为止。合模一般分为四段：快速合模，慢速合模，低压护模及高压合模。

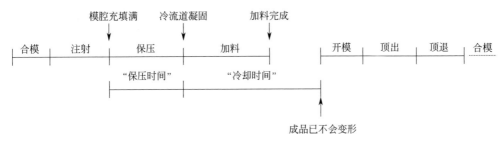

图 3-3　标准的注射周期

注射在高压合模完成后开始，亦分为多段。注射时熔融塑料填充型腔；当型腔填满时，压力骤升，故注射的末端亦称为挤压段。控制不好，成品就产生飞边。

保压在注射完成后开始。其实冷却是从型腔填充满后开始，亦即是从保压开始。模具冷却时，成品受冷收缩。保压的作用是经过还未凝固的冷流道，一般以低于注射压力的保压压力，填充收缩所形成的凹陷，使成品脱模时饱满（没有凹痕）。当冷流道凝固后，再保压已没有意义，保压便可终止。保压可分为多段，每段的保压压力不同（一般是逐段递减），以时间划分。总的保压时间是由成品的重量或从成品没有凹痕时而定的。从短的保压时间开始调整，每注射一次都增加一点保压时间，直至成品重量不再增加或产生的凹痕可接受，保压时间便不用再增加。图 3-4 为保压时间的选定。

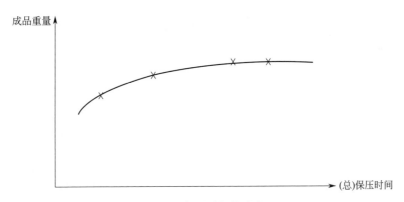

图 3-4　保压时间的选定

注塑机上所置的"冷却时间"参数是从保压完成到开模的一段时间，但冷却早在型腔填满塑料后便开始。"冷却时间"的目的是使产品继续冷却固化，到顶出时已不会因顶出而变形。"冷却时间"是由试验得出来的，行业中有经验参考数值。

在"冷却时间"开始，加料同时进行。图 3-5 显示"冷却时间"比加料时间长。亦有可能是如下文图 3-7 般，加料时间比"冷却时间"长。换句话说，图 3-7 显示螺杆的塑化能力不足。故增加塑化能力是此案例缩短周期时间的正确方法，目标是回到图 3-5 的短加料时间。

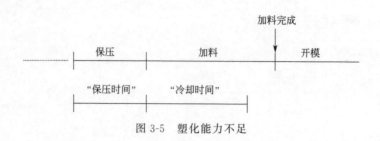

图 3-5　塑化能力不足

"冷却时间"（图 3-5）或"加料完成"（图 3-7）后便开模，产品顶出一次或多次，顶退后便再合模，下一周期开始。

（1）高压合模

采用使产品不产生飞边的最低锁模力，能缩短高压锁模段所需的时间。况且，模具、注塑机的拉杆、肘节及模板亦会因用低的锁模力而延长寿命。

（2）注射

在产品不产生气泡，或不因烧焦塑料而产生黑点的情况下，使用最高的注射速度。尤其是厚壁注射，型腔内有大量存气的空间是由熔融塑料填充的。太高的注射速度使型腔内的空气来不及排出模具外，便形成气泡。采用最低的注射压力能相应地降低所需的锁模力（胀模力）。

（3）保压

由产品重量或可接受的凹痕确定最短的保压时间。有很多薄壁产品都不用保压，因产品的内层基本上在注射完毕便马上凝固，见图 3-6。

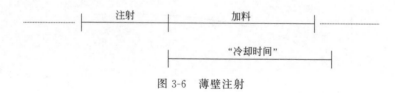

图 3-6　薄壁注射

（4）加料

若塑化能力不够，形成瓶颈，通过螺杆设计及参数调整可作以下处理：①屏障式螺杆可增加塑化能力。②大直径螺杆可增加塑化能力。③加大螺杆的槽深可增加塑化能力。④加大螺杆的转速可增加塑化能力。⑤尽可能降低背压，会增加塑化速度。⑥采用油压封闭式喷嘴，使开合模时亦能塑化。⑦采用预塑器设计使螺杆能在周期内除注射及保压时间外都能塑化，如图 3-7 所示。⑧采用保压装置，使螺杆在保压段亦能塑化，如图 3-8 所示。

（5）开模

在不撕裂产品及不产生大的开模响声的情况下，用最高速开模，某些高级的注塑机有开模前的减压设备，连高速开模亦不会产生响声。

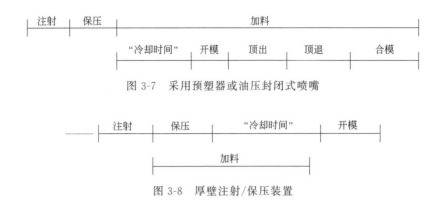

图 3-7　采用预塑器或油压封闭式喷嘴

图 3-8　厚壁注射/保压装置

（6）顶出

在顶出力不大的小型注塑机上，可采用气动顶出，比油压顶出的速度快。电动顶出又比气动顶出快。模具可设计成由开模动作带动顶出，而不采用注塑机上的顶出装置，但此法只能顶出一次，这是最简单的边开模边顶出的方法。采用独立的油路、气路或电路控制，可以实现多次顶出的边开模边顶出功能，如图 3-9 所示。

尤其是多腔的模具，一次顶出不一定使每件产品都掉落。为了保护昂贵的模具，只有 1% 机会产品不会掉落，也要全面增加一次顶出，付出额外的时间。配备有录像及电脑设备便能快速分析出一次顶出后，产品是否全部掉落。在不全部掉落时才进行第二次顶出，故节省了平均周期时间，如图 3-10 所示。

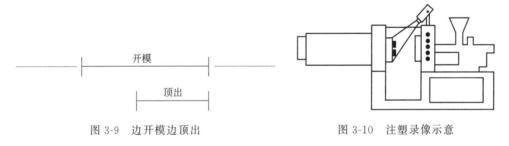

图 3-9　边开模边顶出　　　　　　　　图 3-10　注塑录像示意

（7）顶退

有些成品的多次顶出可采用注塑机的振动来完成。顶针不用每次全退，缩短多次顶出的时间。图 3-11 为全程顶出与振动顶出。

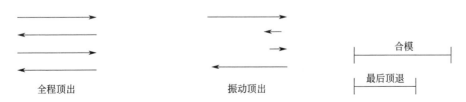

图 3-11　全程顶出与振动顶出　　　　　图 3-12　最后顶退与合模并行

最后一次顶退可与合模动作同时开始。由于顶针的行程比模板短，顶针总会全退后才锁模的，如图 3-12 所示。

3.8.2 最短注射周期分析

最短的周期时间是由合模、注射、保压、冷却及开模所需时间构成，如图 3-13 所示。加料在"冷却时间"及开合模，甚至在保压时同时进行。多次顶出在开模时同时进行，最后一次顶退与合模时同时进行。此案例最多有三个动作同时进行，每个动作有独立的驱动。可能是三个都是油路（如三个油泵），三个都是电路（电动注塑机）或油路、气路及电路的组合。

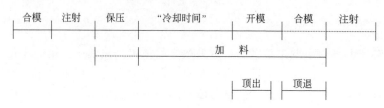

图 3-13　最短的周期

电动注塑机一般有驱动注射，加料，开、合模及脱模的伺服电动机。其优点是并行动作能缩短周期，其实，油压注塑机在使用三个独立油路时亦能达到这个目的。图 3-13 的分析显示了三个平行动作已能达到最短的周期。

很多注塑机都标出空运行时间，但一般都只是计算出来的理论时间，忽略了模板的加速及减速，当然也没有计算移动模具的质量，比实际的开合模时间要短。

3.8.3 薄壁注射周期分析

(1) 薄壁注射

薄壁注射定义为 0.5mm 壁厚或以下，或流程/壁厚比在 300 以上的注射。为了避免熔融塑料在未填充满型腔便已凝固，薄壁注射都采用高速（及高加速减速）注射。高速注射中螺杆的往前速度都在 300mm/s 以上。在高速注射下，注射时间一般在半秒以内。高速注射都是用蓄能器辅助的。油泵在"冷却时间"填充蓄能器。也可用小油泵在注射及保压以外的时间填充。被蓄存的高压油在注射时释放出来，一般能提高注射速度 3 倍。

薄壁注射亦不需要保压时间及"冷却时间"，故最短的周期变成如图 3-14 所示。其中空运行时间便是决定整个周期时间的主要因素。

从图 3-14 可以发现加料时间是薄壁注射的一个瓶颈。

(2) 吹气脱模

若产品能用吹气脱模的话，边开模边吹气是很容易做到的。一般是在开模后延时吹气，隐藏脱模时间在开模时间里。

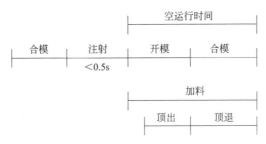

图 3-14 薄壁注射的最短周期

（3）气动脱模

脱模力不大的小型注塑机上实现气动顶出，使开合模与顶出、顶退并行，能节省约 1s 的顶针动作时间，这在小型注塑机上是可观的。

（4）其他

具有三个独立油路的注塑机成本较高。两个平行动作的注塑机一般是锁模装置使用一个油路，注射装置使用另一个油路（图 3-15）。这是从注塑机一般分锁模装置油路板及注射装置油路板考虑的。

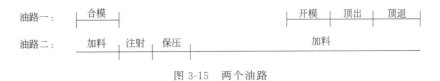

图 3-15 两个油路

混合式油电注塑机集两种驱动的长处，巧妙配合，一般的设计是电动加料配合油压的其他动作，如图 3-16 所示。

图 3-16 油电混合机

3.8.4 双泵注射周期分析

图 3-17 的双泵设计在注射时只用一个油泵。油路可以稍做更改使注射时双泵齐下，使注射速度提高接近一倍。

图 3-17 双泵注射

3.8.5 注射周期案例分析

达明 CAP 系列是瓶盖专用注塑机。瓶盖属于薄壁制品,加上热流道的瓶盖模具,故适用瓶盖模具,图 3-18 是标准 CAP 注射周期。

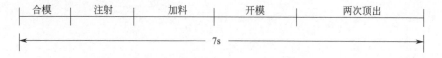

图 3-18　标准的 CAP 注射周期

CAP 系列采用屏障式的大直径螺杆,增加塑化能力,在 2s 以内完成加料动作。采用双泵的 CAP 系列更省去加料时间。一台能注射 24 腔的 CAP24 注塑机的周期时间可以控制在 5s。CAP 系列对空运行时间进行了优化,有较高的开合模速度。图 3-19 是双泵 CAP 注射周期。

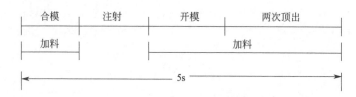

图 3-19　双泵 CAP 注射周期

周期时间从 7s 降到 5s,生产率提高约 30％。24 腔的模具日产(24h)瓶盖超过 40 万个。

3.9　注射成型工艺参数-曲线案例分析

我们可以通过注塑机的注射曲线对注射参数合理性进行分析。随着注塑机的功能越来越强,操作员便能够利用如注射曲线的功能来求证注射参数是否妥当。

(1) 案例 1

注射曲线和注射参数如图 3-20 和图 3-21 所示。

图 3-20 的注射曲线共有三条。水平轴是时间。0.00s 是注射的开始。图中曲线 1 是螺杆位置线。从 155mm 开始注射,到 5.00s 时,位置是 26mm。要留意的是当位置抵达 30mm 时,注射转为保压,由垂直的曲线 4 标示,此时为 4.6s。请参考图 3-21 注射屏的转保位置。注射模式是位置。总注射时间是 6.5s。

螺杆位置到达 30mm 时或总注射时间是 6.5s 时,便转为保压。因为到达 30mm 时才 4.6s,便在 4.6s 时从注射转为保压。这种参数的设定是时间和位置双重控制,哪个参数先达到,就以哪个为准。

第3章 注塑机工艺参数的设定

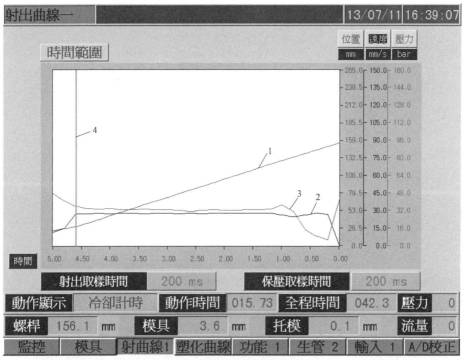

图 3-20 注射曲线

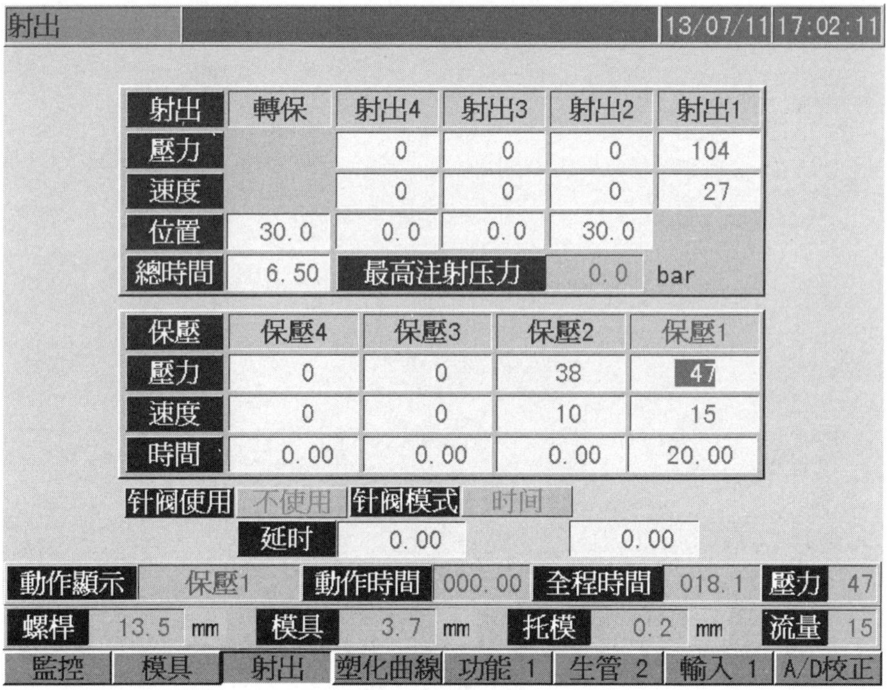

图 3-21 注射参数

注射屏显示只有一段注射，射速是27%。图3-20中曲线2是注射速度曲线，以mm/s显示。此曲线从静止（0mm/s）加速到28mm/s，用了0.2s，之后几乎是恒速，到转保压为止。在0.5~1.1s之间，速度有点下降，原因是阻力上升了，从注射压力上升可以得知。转保压后，由于保压速度是15%，射速便随着下降（因型腔还未填满）。

第三条曲线是注射压力曲线（曲线3）。螺杆开始往前，便产生一个43bar（1bar=0.1MPa）的压力，此压力是从$F=ma$而来的。随着螺杆加速压力便下降，熔融流过模具的通道产生阻力，压力于1s时上升到顶峰，之后基本上是恒定的压力，直到垂直线（曲线4）为止。

这说明了螺杆位置30mm时转保压有点早了。注射压力应该在注射时达到高峰，在转保压后降下来。注射的作用是填满型腔，还有在填满后挤压，设定的压力达104bar，转保压后降到47bar（参考注射屏）。

(2) 案例2

注射曲线和注射参数如图3-22和图3-23所示。

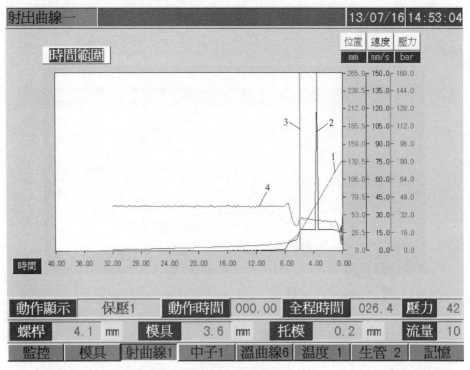

图3-22 注射曲线

此例的时间轴长达32s。产品与案例1一样，但注射参数不同。螺杆位置从135mm开始，以一段注射的18%速度前进。到位置18mm或注射时间6s时转保压。由于到6s时螺杆还未到18mm，便在6s时转了保压，由垂直线（曲线3）

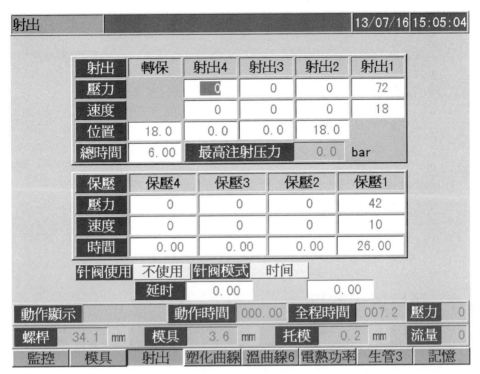

图 3-23 注射参数

标示。

从位置曲线（曲线2）可以看到，此时型腔是没有填满的，因为位置曲线还继续以差不多的斜率下降到几乎 7.8s 时，才慢下来。其实从其他两条曲线也可以看得出来此例与上例一样，太早转保压了。

注射速度曲线（曲线1）在 6s 时因为转了保压，而保压速度只有 10%，便减速到 10%。直到 7.8s 时，由于型腔已填满，不能再以 10%前进，再减速到几乎为0。故此保压前期的 1.8s 是用于填充，就是早了 1.8s 转保压了。曲线1的高峰是噪声。

注射压力曲线（曲线4）在转保压时下降了，是由于保压速度降到 10%之后，随着型腔填满，压力又升起来，直到 7.8s 时的高峰，压力是 43bar，冲过了保压压力的设定 42bar 一点，然后降到 40bar。由于校正没有做好，设定的 42bar 变为了曲线的 40bar。

保压时间 26s 不会太长，从螺杆位置曲线不断下降可以看出来。称重产品也是确定保压时间的一个常用方法。

我们为什么不用保压段来做注射？原因是：①要在注射段产生最高压力（挤压），并且不能产生飞边。②保压时用低排量油泵，降低伺服电机的发热。

第 4 章 试模

4.1 模具试模流程

为了规范作业、保证安全、保护设备、提高效率、维护稳定品质，上/下模具前需要做好一定的准备工作，如上/下模前期准备、机台与模具周边"5S"保持、上/下模具操作。

4.1.1 上模前的准备工作

(1) 试模人员安全要求

穿安全鞋（防止重物掉下伤脚）；戴手套（防止高温模具烫伤手）；戴安全帽（防止硬物掉落）；穿工作服。

(2) 模具吊起、平衡确认

吊孔［确认丝孔深度、大小是否合理，螺纹（丝牙）有否损坏］；吊螺杆（吊螺杆大小、旋入模具深度是否合理）；模具吊起平衡（模具吊起时是否前倾或后倾、角度是否安全），如图 4-1 所示。

(3) 试模使用工具安全确认

确认吊环旋入深度、螺纹有否破损、吊环有否疲劳裂纹；吊绳有否破损、吊绳大小是否与起吊模具匹配；模具翻倒专用螺杆，确认有效螺纹可旋入深度；确认模具拖车承载重量与模具重量是否合适、有否安全隐患；吊车操作有否存安全隐患；确认磁吸容许载重及磁吸有否安全隐患，大模具不允许用磁吸；确认扳手是否有疲损，禁止使用疲损扳手装码仔（装夹工具，用于固定模具）。

提前备好上下模工具：吊环、扳手、接头、管线、水嘴、油嘴、剪钳、容器、抹布、推车等，如图 4-2 所示。

图 4-1 起吊平衡确认示意

吊环

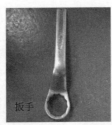
扳手

管线

容器

推车

油嘴

剪钳

抹布

图 4-2

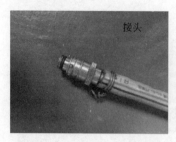 

图 4-2 工具准备

接头和管线必须分类（用颜色区别），配色一致，并分箱存放，接安装类别，如表 4-1、图 4-3 所示。

表 4-1 快速接头分类

快接头类别	用途	热水	机水	冻水	空气	油温	蒸汽	氮气
	颜色	●	●	●	○	⊗	⊗	⊗
	色别	红色	蓝色	黑色	白透	黄色	粉红	青色

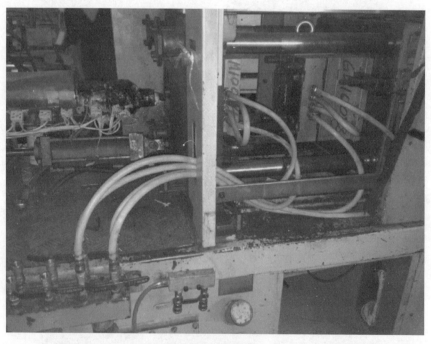

图 4-3 分类接水规范示意

核对冷却水（运水）接头颜色和标识对应情况，对接管与接头颜色一致，冷却水组与冷却水接法指示（如冷却水标识图）一致。若不正确，确认并纠正好后，再开始下一步工作，遵循原则：

① 型腔（模穴）分组接冷却水，不串/混接，不同模温，对应不同温控设备，接法如图 4-4 所示。

图 4-4　接水规范示意

② 串接采用类似串接头，管线与模具表面保持平行，保留在模具上，不再拆卸，如图 4-5 所示。

图 4-5　水管串接规范示意

③ 提高安装速度，保持现场整洁，优先实施模块组接法，如图 4-6 所示。

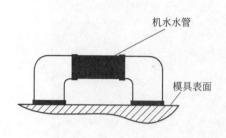

图 4-6　快速连接方式

④ 安装时，防止漏水、漏油、漏气等，必须缠绕生料带，部分接头样品示例参考见图 4-7。

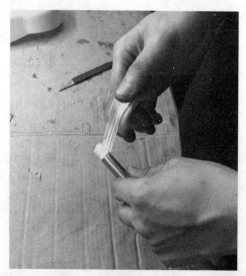

图 4-7　接头及防水示意

核对模具名称和实物，与生产计划安排需求一致；接全管气道，检查冷却水及气道通畅不漏（验证：接通进水，堵塞出水，设定 4MPa 压力，通水 5min）；检查锁模块，一是要齐全，二是有效；选择适配吊环，手工锁到底后，必须再松退一圈。

4.1.2 上模作业

① 作业人员穿戴好防滑鞋/安全帽，进入作业现场，清除机台（图4-8）上及周边杂物和危险物品。

图4-8 上模机台示意

② 确认电动机或液压锁模等装置完好，机台动、定模板上清洁无堆积物，板面垂直平行。

③ 将工具箱、备件推车和盛水或油容器，放置在机台旁边安全区待用，保持场所整洁。

④ 将机械手横移出机台（若为旋臂式，旋转到射台座方向），略调大开模行程（不可至最大）。

⑤ 将机台顶出机构顶出，装顶出杆或拉杆，顶出杆螺栓必须锁紧固定在顶出油缸上。

⑥ 将顶出杆退回，检查顶出杆退回后不得凸出机台动模板面，如模板需要顶出拉杆，回位时应注意：a. 上下模时机台油压马达必须停止。b. 先装好四支拉杆于机台上，再选用合适的拉杆螺栓。c. 能用粗拉杆的，不用细拉杆。d. 先用手拧，如不能锁到底，则须攻丝。

⑦ 确认吊环无损伤，天车工作正常，吊索满足载重，准备起吊。

⑧ 确认模具，检查模具编号是否与生产排班、配料号相同，对于有多套模具的产品，应选择已经客户承认的模具。起吊模具，慢速离开地面，停留1~3min，确认起吊安全高度（图4-9）。

⑨ 在起吊途中，非必要，模具不得高过人头，下方必须无人停留。注意空中有无异物，前后左右有无行人及货物（图4-10）。

⑩ 如采用两支吊环起吊，应使吊环保持平行，模具保持平衡移动。

⑪ 模具起吊，高度高于机台20~50cm送至机台锁模机构上方，然后缓慢下降，

图 4-9　模具起吊示意

图 4-10　模具起吊安全示意

再移动天车使模具靠近定模板侧，使模具定位环与机台定位孔吻合，如无定位环，须使机台喷嘴与浇口套 SR 口吻合以免溢料。起吊整个过程严禁撞损报警设备等。

⑫ 模具下降，沿机台固定侧，慢速，不能晃动。避免撞坏机械手或哥林柱，若晃动，必须有人在对面协助，保证模具摆放垂直/平行。

⑬ 启动电动机，将操作键切换为装模，或选择低速合模，再调换模块。注意：a. 安装时，锁模力及模具保护压力应适当调小。b. 柱塞式机台，可切换至装模状

态，自动调整。

⑭ 确认拉杆回位，有则必须先装拉杆螺栓用手锁紧。注意：攀登机台时禁止脚踏哥林柱从机台上下来，必须将机台打扫干净。

⑮ 重新确认喷嘴是否对正，确保不溢料。

⑯ 取锁模压块，将动/定模板锁压紧。压块长度适宜，不能过短，螺栓打入深度必须为螺栓直径的2倍以上，螺栓应锁在离模板最近的螺栓孔处，垫块应与动/定模板厚度一致，误差±1mm内。

⑰ 接冷却水，视需要选择油温机，常温水或模温机等，满足冷却水接法指示。注意：a. 水管超过6对，须分开多组连接。b. 模具进水管须接在靠近浇口处。c. 冷却水进与出为一组，不可混接（图4-11）。

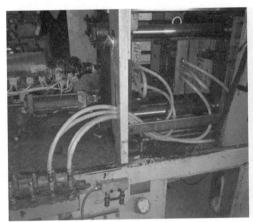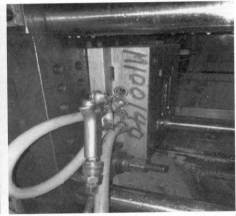

图4-11 接水方法示意

⑱ 确认冷却水不漏、不堵，工作正常。

⑲ 将顶针顶出行程及速度调至合理，然后顶针前进，后退，检查顶针是否正常。

⑳ 调整开模行程及速度，以先快后慢的速度锁模，且导柱在接近导套时，速度降低。

㉑ 若在调试时模具有损坏，不能合模，前/后模必须单独卸下，修模后，再进行调试。

㉒ 上完模，将机械手归位，天车归位，盛液容器移走，工具收捡，归还原位。

4.1.3 下模作业

① 作业人员穿好安全鞋，戴好安全帽，携带工具，进入作业现场。

② 将机械手横移出，或旋出起吊模具区域外。

③ 若为热流道模具，先松脱连接线；若无热流道，直接先关闭冷却进水，后关回水。若为高温模具应先降温至30～50℃，如果使用冷却水，应关掉冷却水后

再成型5～10次，使模具恒温，避免模具冰冷造成生锈。

④ 拆卸温控机水/油管：先拆出水/油管，用气枪将模具内残留水/油尽可能地吹回水/油温机，关闭水/油温机的流道出口开关，拆外接进水/油管，放入盛水/油容器，继续在出水/油管端吹气，吹干净模具冷却水道内水/油。

⑤ 若为循环冻/积水，先关闭进和出水管开关，将外接水管放入盛水容器，选择进或出水管一端吹气，吹干净模具冷却水道内水。

⑥ 用防锈剂，喷均匀模面，形成隔氧层即可，形成适量的防锈油层。

⑦ 使用拉杆回位的，先关掉电动机，应先拆除动模四支顶出杆的螺栓。

⑧ 将动/定模合模，将两模板连接上，用锁模块锁紧。注意：有拉杆，合模前拉杆应后退至极限（即位置为0）。

⑨ 选择适当的吊环和恰当的方式（如上模所述）固定在模具上。

⑩ 确认天车的安全性，用天车吊钩锁上模具吊环，略为上吊拉紧。

⑪ 拆出动定模的螺栓、压块，或者快速夹模器，并整齐摆在机台上指定位置。

⑫ 机台选择低压低速，将动模板打开。

⑬ 缓慢启动吊钩，将模具吊高于机台20～50cm。注意：不要左右晃动以免撞坏机台哥林柱。

⑭ 移送模具，将模具吊送至模具保养区，或模具待修区，或模具仓库，摆放整齐。

⑮ 对模具外表面清洁，并作防锈处理，比如：封浇口，外喷洒防锈剂等；整理注塑机台，完善现场清理，清除积水、积油，打扫机台杂物，清扫场地，做全"5S"，接受监督考核。

4.2 快速换模

掌握快速换模技术及方法，以便减少换模时间、提高换模效率、提升设备有效利用率。

4.2.1 换模前的准备工作

（1）模具准备

① 按照《换模联络书》准备模具，在模具存放处根据《换模联络书》找到相对应的模具并核对模具上篆刻的模具编号与《换模联络书》要求换模的模具编号一致。

② 使用模具清洗剂和铜刷重点对模具分型面进行清洁，其他部位检查有异物或污迹时同样方法清洁（图4-12）。

③ 检查模具型腔无损失/无锈迹/无胶渍/无油污、镶针和定位针完好无损（图4-13）。

④ 检查模具加热/温度感应集成连接器是否已安装。用万用表测试模具发热棒的电阻是否在规格内，不在规格内时需更换。用万用表的"二极管档"测试模具温度感应器，测试时边摇动连接线边测试，确认是否导通，不导通时需更换（图4-14）。

图4-12　清洁分型面示意

图4-13　检查重要部件示意

图4-14　检查发热配件示意

（2）换摸工具准备

提前准备换模需要的工具：①梅花扳手或棘轮扳手（24mm）1把。②开口扳手（5.5～24mm）1套。③剪线钳和大力钳各1把。④一字和十字螺丝刀各1把。⑤内六角扳手（1.5～10mm）1套。⑥万用表1台（图4-15）。

4.2.2　换模过程与方法

（1）原模具拆卸

① 注塑机电热关闭。按注塑机操作面板上的电热按钮，如图4-16所示。注塑机操作面板电热按钮指示灯亮为开启状态，灭为关闭状态。

图 4-15　快速换模常用工具示意

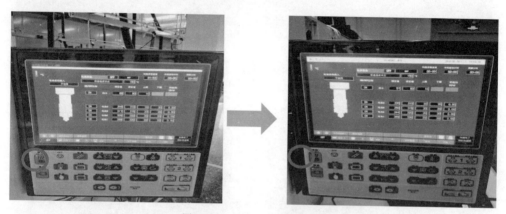

图 4-16　发热开关按钮示意

② 断开模具加热/温度感应集成连接器。松开加热/温度感应集成连接器压扣，拔出加热/温度感应集成连接器的公插头（图 4-17）。

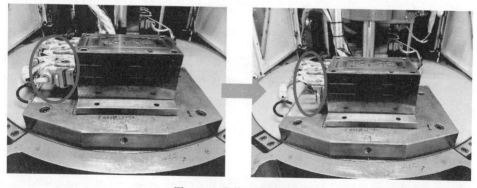

图 4-17　发热连接器示意

③ 真空管断开（对于真空吸气的模具）。戴手套拔出插在定模连接头上的真空

管,然后用大力钳将模具上的连接头逆时针旋转拆下,真空管放置在注塑机机板上方,端部不可接触其他活动部件及异物,避免锁模时产生真空力吸入堵塞管道(图4-18)。

图 4-18　真空吸气连接示意

④ 注塑机交替模式操作。选择注塑机"交替"模式,手动将模具锁模至0.0mm位置,目视成型机面板锁模位置为0.0mm,目视内侧动模/定模紧贴(图4-19)。

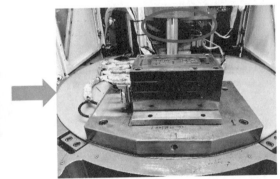

图 4-19　换模切换按钮示意

⑤ 模具退磁操作。使用专用钥匙插入电磁板操作面板左下方钥匙孔,转到"换模"模式,显示器中显示"模具紧贴到位",操作面板中的"状态"灯为绿色后,按操作面板中的"后模""前模"按钮进行退磁操作;约5s后退磁完成,拆除前模的两个固定螺栓(图4-20)。

⑥ 取出模具。在成型机操作面板上选择"交替"模式开模,将放置在磁板上的模具依次移至模具车进行替换(图4-21)。

(2) 模具安装

① 将需要生产的模具(1个单边后模、1个前模/1个单边后模的组合)分别放置在注塑机转盘的模具安装磁板上,并参照磁板上的参照线进行初步定位(图4-22)。

图 4-20　前后模退磁示意

图 4-21　换模示意

图 4-22　换模基准示意

② 在注塑机操作面板上，使用"交替"模式，将 1 个前模/1 个单边后模的组合旋转到注塑机转盘里侧，进行注塑机与模具配合及定位。

③ 操作注塑机，点动按"锁模"按钮，慢速锁模，目视模具定位环与注塑机孔位是否吻合在同一中心位，如果有偏移需要手动对模具进行位置修正后，再慢速锁模紧贴。

(3) 模具充磁

① 在模具紧贴的状态下进行充磁操作，先对注塑机转盘里侧的 1 个前模/1 个后模的组合进行充磁：在电磁板控制器主机侧开关选择对应的磁板编号（ON/OFF）（图 4-23），打开到"ON"，在电磁板操作面板按"充磁"按钮，约 5s 后完成充磁。

② 在成型机操作面板上，按"开模"，确认里侧 1 个前模/1 个后模的组合已经开模完。操作注塑机面板"转盘"，将 1 个单边后模旋转到里侧，操作注塑机，点动按"锁模"按钮，慢速锁模，目视前模与后模的导柱、导套是否位置吻合。如果有偏移，需要手动对模具进行位置修正后，再慢速锁模紧贴。

③ 确认前模与后模配合好后再进行充磁，在电磁板控制器主机侧开关选择对应的磁板编号（ON/OFF），打开到"ON"，在电磁板操作面板按"充磁"按钮，约 5s 后完成充磁（图 4-23）。

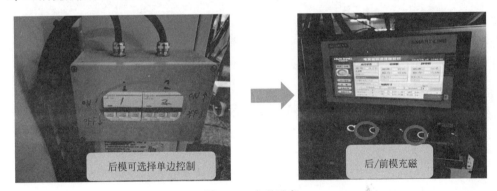

图 4-23 充磁示意

④ 将前模用 2 颗 M16 的螺栓对角夹紧固定。

⑤ 模具充磁成功后，操作注塑机，在操作面板上使用"交替"模式，手动"开锁模/转盘正逆"单步运行一个周期（图 4-24），确认无异常后将操作面板左下方处钥匙转到"注塑"模式，并拔出钥匙。

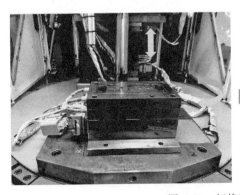 

图 4-24 切换到注塑模式示意

（4）模具厚度调整

条件读取成功后进行模具厚度自动调整，按注塑机操作面板的显示器任务栏右下方"交替"进入模具调整页面，此时注塑机状态转换到"交替"模式，然后点击右上方"自动锁模"按钮，进入调整状态（图 4-25），当模厚自动调整完成后，注塑机操作面板的显示器左上方会有红色警报字体提示"模具数据读取完成"字样。

图 4-25　自动锁模示意

4.3　试模过程中的各项要素

试模的基本步骤：

① 首先确认收到要试模的模具是否与系统要求要试的模具一致。

② 点检模具的基本状况：如定位圈是否与注塑机的定位孔匹配，顶杆孔位置是否在标准位置，码模槽和码模坑是否超出注塑机的定位板孔规格，注塑机的注射量是否符合产品要求。

③ 根据试模单确认塑料材料、产品颜色。

④ 了解产品的基本信息：产品的外观要求，是否需要接模温机，尺寸精度要求。

⑤ 根据产品图档查看产品的基本信息。

⑥ 装好模具后，空顶模具，确认顶出系统是否正常。

⑦ 清洁模具分型面、滑块、斜顶、顶针。

⑧ 按试模 30%、50%、70%、90%打走胶样板，以便后续产品出现不可接受的外观问题，可以调整注射成型参数。按 DOE（实验设计）的标准去试模，找到最佳注射成型参数。

⑨ 根据产品重量要求，注塑标准的样板，与工程师确认产品外观要求。

4.3.1　DOE 试模验证法

DOE 是一种同时研究多个输入因素对输出的影响、确定影响结果的关键因素及最有利于结果的取值方法,是对方案进行优化设计,以降低生产费用的一种科学试验方法。

为了验证模具的性能和塑料产品的质量,发现注射成型过程中的问题,保证顺利生产,找出最佳注射成型工艺参数范围,确保产品的质量达到客户的要求,在生产前多数产品需要做 DOE 验证。

注塑工艺参数包括模具温度、熔体温度、注射压力、注射速度、保压压力、保压速度、注射时间等。在浇注系统保持不变的情况下,流动过程会随着注射时间、料温和模温等注塑工艺参数的变化而变化。为确保流动过程的合理性,就需要考虑注塑工艺参数的影响。在注射成型过程中,注射成型工艺参数如熔体温度、模具温度、注射压力、保压压力、注射时间和保压时间等都会对成型周期、塑件质量、体积收缩率等有着很大的影响。其中塑料熔体温度和模具温度的变化会直接影响到熔体在型腔内的流动情况。塑料熔体温度升高,流动速率会增加,有利于充模;但是塑料熔体温度过高可能会引起塑件烧焦甚至材料降解。模具温度变化也会直接影响产品的生产效率和质量,模温过高可能会延长塑件注射成型周期,降低生产效率;模温过低可能会引起熔体滞留,造成欠注和熔接痕等缺陷。

4.3.2 最佳温度的确定

DOE(流动)实验设置:材料推荐的熔体温度为 260℃,模具温度 60℃为中间值,熔体温度范围在 240~280℃之间,模具温度范围在 40~80℃之间;以 10℃变化来设置,这样产生 5 组水平(数值),设为 1~5;设熔体温度为因子 A,模具温度为因子 B。设置如表 4-2 所示参量。

表 4-2 温度因子表

水平 因子	1	2	3	4	5
A	240	250	260	270	280
B	40	50	60	70	80

熔体温度是熔体注射时的温度,是重要的注射工艺参数之一。下面分析熔体温度的变化对循环时间、体积收缩率、注射压力和制品质量四个量的影响。

(1)循环时间

循环时间指注射成型周期,主要包括填充时间、保压时间、冷却时间、开合模时间等。循环时间可以看出注射效率,循环时间越短则注射效率越高,生产效益就越好。下面将分析熔体温度变化对循环时间的影响,如图 4-26 所示。

如图 4-26 所示,随着熔体温度的增加,循环时间先减小,当熔体温度到达某个点时,循环时间最短,然后随着熔体温度的升高,循环时间也变长。熔体温度在 260℃时循环时间最小,此时注射周期最短,生产效率最高。不同材料熔体温度是有差异的,一般情况下,选择材料中间值的温度。

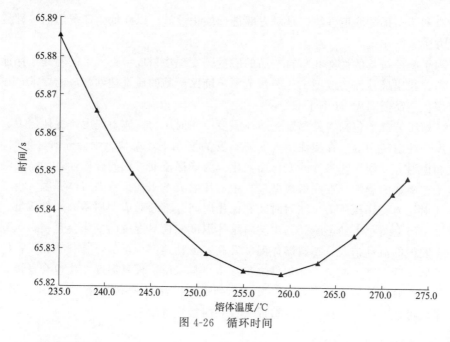

图 4-26 循环时间

（2）体积收缩率

体积收缩率指塑件固化收缩时体积的变化率。体积收缩率越小，则塑件的变形会越小，塑件质量会越好。下面将分析熔体温度的变化对体积收缩率的影响。如图 4-27 所示。

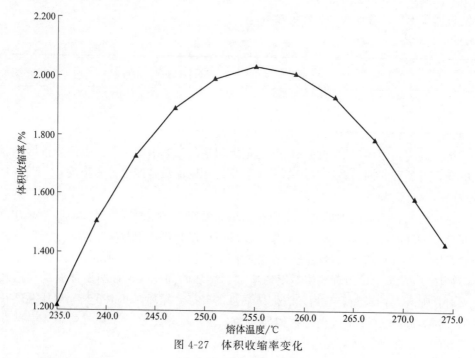

图 4-27 体积收缩率变化

如图4-27所示,随着熔体温度的增加体积收缩率也变大,熔体温度增加到某点时体积收缩率最大,然后随着熔体温度的增加,体积收缩率又变小。当熔体温度在255℃时体积收缩率最大。熔体温度235℃时体积收缩率最小,此时塑件变形最小,塑件的质量最好。所以从体积收缩率角度来说,选择235℃作为熔体温度。

(3) 注射压力

注射压力是注射时注塑机对型腔施加的压力。注射压力一般由液压压力提供的,注射压力越小则所需的液压压力就越小,越节省能量,如图4-28所示。

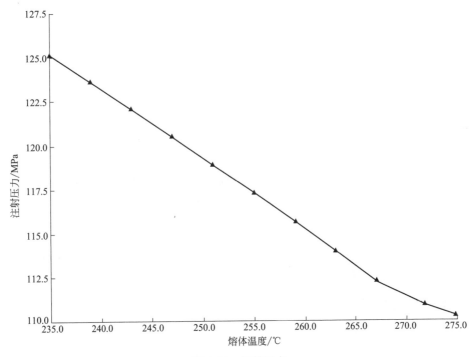

图4-28 注射压力

从图4-28中看出,随着熔体温度的增加,注射压力基本成直线变小,在熔体温度为275℃时,注射压力最小。在注射压力最小时,注塑机所施加的液压压力最小,所需的能量最小。所以,从注射压力角度来说,选择熔体温度为275℃。

(4) 制品质量

制品质量是对塑件的综合评价。制品质量指数越高,制品就越好。制品质量随熔体温度的变化情况如图4-29所示。

随着熔体温度的增加,制品质量指数也是基本呈直线下降,熔体温度为235℃时制品质量指数最大,此时制品质量最好。所以,从制品质量角度来说,选择235℃为熔体温度。

综上所述,从循环时间角度来说熔体温度为中间值最好,从体积收缩率来说熔

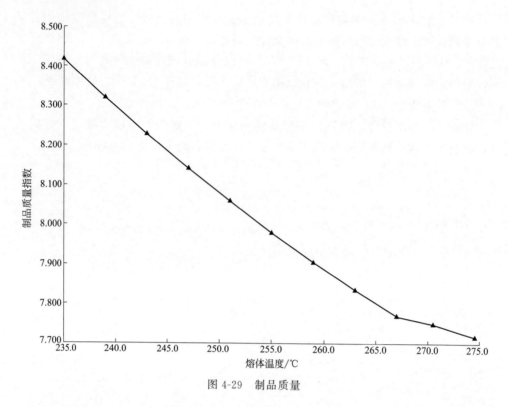

图 4-29　制品质量

体温度低最好，从注射压力来说熔体温度高最好，从制品质量来说熔体温度低最好。考虑产品品质问题，选择熔体温度为偏下限值。

4.3.3　最佳注射压力的确定

流动模块注射工艺参数分析主要是对注射压力、注射时间、保压压力、保压时间进行优化选择。注射压力主要用来克服塑料熔体流动阻力，填充阶段受到塑件形状结构、厚度分布、流道粗糙度等因素的影响。由于填充阶段的注射压力变化的不确定性，一般都采用注射速率来控制填充过程，所以填充阶段的注射工艺参数优化选择只能对注射速率进行优化选择；注射压力和注射时间是通过对优化的注射速率进行流动分析后确定的。填充完成后进入保压阶段，流动过程的控制就从注射速度控制进入压力控制，也就是 V（注射速度）/P（保压压力）切换。保压阶段就需要对保压压力进行优化选择，而保压时间通过优化的保压压力可以确定。

随着注射速度的不断增加，填充时间不断缩短，最大流动前沿处温度降低，最高最低温度差异也降低。最高流动前沿处温度最低，最高最低温度差异最小，塑件因温度引起的变形会最小，塑件质量最好。

为了确保注塑机的注射速度达到及保持所要求的数值，注射压力数值的设定必须合理。注射压力是重要的生产参数之一，注射压力太低，熔料进入模具时所产生的阻力相对很大，使注射速度不能保持在设定的水平，结果是注射时间过长，所以设定注射压力时需要重视。

例如：注塑一件产品，设定60%注射速度，在注射压力为130bar，注射时间为0.9s内完成成型过程，试问最佳注射压力数值是多少？成型基本参数如表4-3所示。

表4-3 成型基本参数信息

注射速度	注射压力/bar	注射时间/s	备注
60%	140	0.85	
60%	130	0.85	
60%	120	0.88	最佳
60%	110	0.90	下限
60%	100	0.96	

注意：在最佳注射压力设定后，注射周期时间的变化应不超过0.06s。如果超过这个范围，表示压力不稳定或塑化不良。理论上，注射时最好多找几个组合，选择一个最佳值，不要一次用较大的注射压力成型。特别是一模多腔的产品，当因某种原因而堵塞时，会造成每个型腔压力陡增，对模具和注塑机相应会有不同程度的损伤。

4.3.4 最佳保压压力和时间的确定

(1) 保压压力

保压压力指塑件收缩后补缩时给型腔施加的压力。塑件冷却固化时，密度变大，体积收缩，这时为了得到完整的塑件就需要对型腔进行补缩，需要对型腔施加一定保压压力。保压压力一般对流动过程的体积收缩率、锁模力和型腔残余应力影响较大。塑件冷却固化后会产生体积收缩，体积收缩率越大，塑件的变形就会越大，塑件的质量就会越差。随着保压压力的增加，塑件顶出时，塑件的最大体积收缩率变小。锁模力越大则所需要的液压压力就越大，所耗的能量就会越大。随着保压压力的增加，锁模力也增加。随着保压压力的增加，塑件第一主方向型腔内的最大残余应力不变，塑件第二主方向型腔内的最小残余应力变小，最大最小残余应力差变大，塑件的变形就会变大，塑件的质量变差。

保压压力对制品有很大的影响，在保压阶段，制品重量随保压时间加长而增加。一定时间后，重量不再增加。一般情况，保压压力为注射压力的30%~70%。表4-4所示为如何根据产品重量确定保压压力。

表4-4 保压与产品重量的关系

保压压力/bar	产品重量/g	保压压力/bar	产品重量/g
20	30	60	34.8
30	33	70	34.8
40	34	80	34.8
50	34.5		

保压压力在60bar的时候，产品重量就稳定了。注意这期间有一个前提条件就

是产品没有披锋，外观符合标准。

（2）保压时间

无论采用何种模式的转压方式，正确设定转压点是至关重要的。如果要获得最佳的生产状态必须确定保转压前已有95％的物料被注入型腔。若过早转压，则需要利用保压压力把较多的熔料推进型腔，很容易产生披锋和填充不满的缺陷，同时成品的品质稳定性也较差。相反地，若是转保压太迟，成品便会被压缩过度，很多部位形成飞边，内应力过高，甚至脱模困难。

切换点的控制，注射油压准确地切换到保压油压，需有一个缓冲过程，即有注射油压之前应将速度减慢，减少惯性，控制每次复位的精度。有足够的时间切换保压及排走型腔内气体。

其步骤如下：首先，把注塑的保压时间设为0；然后，把保压时间增加为0.5s，并连续成型4～5模；再次，称得产品的重量并计算出平均值；最后，每次把保压时间增加0.5s，并重复以上的过程，直至产品的平均重量没有变化，如表4-5所示。

表 4-5 保压时间与产品重量的关系

保压时间/s	产品重量/g	保压时间/s	产品重量/g
3.5	7.2	1.5	6.5
3	7.2	1	6.3
2.5	7.0	0.5	6.2
2	6.7	0	6.0

从表4-5可以看出，保压时间在3s以后，产品的重量就没变化了。也就是3s是保压的最短时间。所以我们选择保压时间为3s。

4.3.5 最佳冷却时间的确定

注塑循环冷却是为了保证模具内熔化的塑料充分地固化，注塑件便不会在顶出时变形。影响冷却时间主要有两个因素：被加工的热塑性塑料的固化时间；模具内冷却管道的设计，如表4-6所示。

表 4-6 冷却时间与温度的关系

冷却时间/s	产品温度/℃	产品尺寸	产品质量
16	54	OK	OK
14	54	OK	OK
12	55	OK	OK
10	59	OK	OK
9	65	OK	OK
8	72	OK	OK

由表4-6分析可知：冷却12s为最佳选择。冷却时间再加长，产品的温度基本

没有降低。这也说明模具设计的冷却管道的冷却效果，最佳也是 54℃。当然，首先选择的是塑料材料本身的固化温度，如果塑料材料的固化温度在 120℃，冷却在 8s 的时候，产品理论上也是可以的，此时的冷却时间就设定为 8s。

4.3.6　最佳注射速度的确定

注射速度是主要注射参数之一，对许多工艺因素有影响。当速度提高时，充模压力提高，可以维持熔体有较高的温度，流体的黏度低，流道阻力损失小；相反过高的填充速度会增加压力损失，造成熔体不稳定，流动发生弹性湍流，造成胀模现象。总的来说，注射速度必须保证流变数据中对指定材料所允许的剪切速率和最短流动长度，必须保证由剪切而产生的热效应不超过塑料材料的物理性质和剪切强度所允许的程度。

例如：注塑一塑料件，先试用 50% 速度，稍高一点的注射压力，如表 4-7 所示。

表 4-7　注射速度的选择参数

注射速度	注射时间/s	注射压力/bar	产品质量
20%	1.4	70	缺料,缩水
30%	1.25	80	缩水
40%	1.1	90	不稳定,有水纹
50%	0.98	100	好
60%	0.96	110	好
70%	0.95	120	好
80%	0.93	130	飞边,披锋

从表 4-7 可以看得出来，不同的注射速度可得出不同的注射参数，很容易找出注射速度的上/下限值。塑料材料和金属等其他材料相比，最大特征是力学性能强烈地依赖于温度和力的作用时间，剪切应力随剪切速率提高，按指数定律增加，而黏度却随剪切速率或剪切应力的增加按指数方程下降。生产实践表明，不同加工方法有不同的剪切速率范围，验证设定的注射压力、注射速度对塑料黏度的影响，可依据以下数据计算，如表 4-8、图 4-30 所示。

表 4-8　计算得出的数据

注射速度/s	剪切率/(1/s)	相对黏度/bar·s
10	0.28	3188
20	0.55	1680
30	0.85	1161

续表

注射速度/s	剪切率/(1/s)	相对黏度/bar·s
40	1.11	950
50	1.37	806
60	1.61	715
70	1.89	656
80	2.08	638
90	2.33	590
100	2.50	562

注：相对黏度＝注射压力×剪切率；剪切率＝注射时间的倒数。

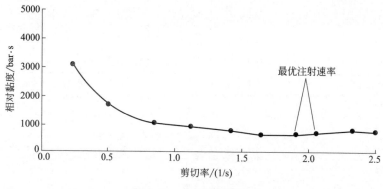

图 4-30　剪切率的影响

根据最大注射压力、最小注射压力、最快注射速度和最慢注射速度之间配对的原则，找出最初的工艺条件范围。如从最大的注射压力和最快的注射速度开始往下调整，直到产品外观合格；从最大的注射压力和最慢的注射速度开始往上调整，直到产品外观合格；从最小的注射压力和最慢的注射速度开始往上调整，直到产品外观合格；从最小的注射压力和最快的注射速度开始往下调整，直到产品外观合格。按以上步骤找出速度和压力的范围值。

利用注射速度与注射压力的范围，按从低压低速向高压高速进行调试，记录对应的速度和压力。需要特别注意的是：压力不是注塑机参数设定的值，而是注塑机实际产生的数值。通过制作图表，找出最佳的注射时间。目前多数注塑机都只是设定注射速度，通过电脑控制满足相适应的压力值。

4.3.7　最佳锁模力的确定

首先，把锁模力调到注塑机最大值的80%，进行正常的全自动或半自动生产，分别称重3模产品的毛重，并计算平均值；把锁模力数值降5t，等待生产情况稳定下来，称出产品毛重的平均值；重复上述动作，称出产品毛重的平均值；重复动作直至毛重的平均值显著地增加。并根据以上数据做成一个表格，进行分析，如表 4-9 所示。

表 4-9 锁模力与产品重量的关系

锁模力/t	一模产品毛重/g	锁模力/t	一模产品毛重/g
80	100	55	100.3
75	100	50	100.9
70	100	45	101.3
65	100	40	103
60	100.2	35	106

通过上述表格，我们可以分析得出：锁模力在 60t 时，模具就有点锁不紧了，出现胀模现象。所以最低的锁模力选择 65t。锁模力是否合理，还得根据企业的实际状况进行调整，如果成型机台老化，机台稳定性变差了，在设定锁模力可能会适当增加。

4.4 试模记录的收集与总结

DOE 试模验证可以设定多种参数，并通过这些参数进行配合验证。做 DOE 的前期，会花很多的时间、人力、物力才能完成。所以一般情况下，企业做的 DOE 参数都不会很多，部分小企业直接省掉 DOE，全凭经验生产。没有标准化的验证，后续不仅无法保证生产的稳定，更无法评估生产过程中存在的风险。所以建议相关企业为了减少后续的风险，保证高效率的生产，生产前期过程把 DOE 做好。DOE 验证的简易表格参考模板如表 4-10 所示。

表 4-10 DOE 验证模板

DOE 测试表															
序号	熔体温度					模具温度		注射压力	注射速度				保压压力			保压时间	
	1	2	3	4	5	前模	后模		1	2	3	4	1	2	1	2
1																
2																
3																
4																
5																
6																
7																
8																
9																
10																

试模过程中,需要把试模的成型参数用标准化的表格记录下来。跟模工程师针对试模的问题,召集模具部加工人员、模具设计师和客户确定改模方案,实施改模,完成改模后,需要写试模通知单进行试模,如表 4-11~表 4-13 所示❶,供参考。

表 4-11 试模跟踪表

模具基本信息								
制新模公司	出模时间	模号	模穴数	啤数	注塑机吨位	用料品种	颜色配方	

第几次试模及试模原因:

注塑工艺参数									
负责人:			机号:			试模数量:		试模时间:	
料温						前模温:	后模温:	背压	
参数			射胶				熔胶	倒索	
位置					保压				
压力									
速度									
时间	周期	射胶	冷却	顶出	冷却情况:				

试模情况:

签署/日期:

加工情况

签署/日期:

外观质量情况

签署/日期:

试模总结

签署/日期:

---

❶ 本书部分表格以实际生产企业所用表格为例,其中部分术语为口语化表述,如"啤数""模穴"等。

表 4-12　模具问题点整改表

模具问题和整改计划							
项目名称：				项目阶段：			
序号	模号	问题	原因分析	解决方案	实施部门	完成时间	备注
1							
2							
3							
4							
5							
6							
7							
8							
9							
10							
11							
12							

表 4-13　试模成型参数表

注射成型标准工艺参数表								
产品编号			产品名称		模具编号		机台号	
原料编号			原料名称		颜色		模穴数	
时间/s		产品重/g		公差	T1	T2	T3	T4	T5
		浇口重/g							
		循环时间		±5					
		注射时间		±3					
		保压时间	1	±1					
			2	±1					
			3	±1					
			4	±1					
		冷却时间		±5					
压力/MPa		注射压力		±10					
		保压压力	1	±10					
			2	±10					
			3	±10					
			4	±10					
		背压 BP		±5					

续表

产品编号			产品名称			模具编号		机台号	
原料编号			原料名称			颜色		模穴数	
	产品重/g				公差	T1	T2	T3	T4	T5
	浇口重/g									
位置/mm	熔融终止			±10						
	熔后倒索			±5						
	位置	1	±10						
		2	±10						
		3	±10						
		4	±10						
	转换位置		±10						
	注射终止位置		±5						
	开模终止位置		±10						
速度/(mm/s)	熔融速度		±10						
	注射速度	1	±10						
		2	±10						
		3	±10						
		4	±10						
		5	±10						
	保压速度		±5						
温度/℃	喷嘴温度	1	±10						
		2	±10						
	料筒温度	1	±10						
		2	±10						
		3	±10						
		4	±10						
	前模温度		±10						
	后模温度		±10						
锁模力			±5%						
制定									
确认									
日期 Date									
热流道温度/℃	温控箱①:1. ;2. ;3. ;4. ;5. ;6. ;7. ;8. ;9.								
	温控箱②:1. ;2. ;3. ;4. ;5. ;6. ;7. ;8. ;9.								

续表

产品编号		产品名称			模具编号			机台号	
原料编号		原料名称			颜色			模穴数	
	产品重/g		公差	T1	T2	T3	T4	T5	
	浇口重/g								
抽芯方式	前模：	无			后模：		无		
运作方式	□半自动		□全自动掉落		□机械手全自动				

4.5 试模的技术要求

4.5.1 试模的目的

试模的主要目的是验证模具，使模具达到客户正常使用的标准（注意不是十全十美）。部分企业会用试模次数来评定试模人员的技术水平，这是一个不合理的做法。试模次数在很多情况下，是由产品设计的合理性、模具设计的合理性、模具加工精度、模具装配技术等多方面因素所决定的，每个流程工作人员的立场不同，想法会有一定的差异。在注塑行业中，也存在一个误区：塑料产品缺陷是可以通过注射工艺参数调整来解决的。所以试模的时间很长、次数很多，不断验证各种各样的成型参数，给注塑工程师带来很大的工作量。

4.5.2 试模工程师应具备的条件

一名优秀的试模工程师或注塑工程师应具备如下条件：①精通注塑机的结构和性能。②精通注射成型工艺的五大参数。③精通注射成型所需要的塑料材料特性。④具备塑料产品的品质意识，能够初步判断产品的缺陷原因。⑤精通模具结构动作原理。⑥会简单的模具修理。⑦对产品的装配、功能有所了解。⑧对于注塑行业先进注塑技术和特殊注塑有所了解。

目前行业中多数注塑工程师还停留在从注射成型工艺参数的调试、注塑机的基本功能层面进行了解，涉及的知识面不够广，对于塑料产品缺陷的处理方案也就仅限于在五大参数中的尝试，在这个过程中，会浪费较多的时间和塑料材料，解决问题效率低下。注塑工程师应不断学习新知识，提升自己的综合技术水平，从产品开发、模具结构、注塑材料、注塑机性能、工艺参数等方面分析注塑产品缺陷，快速解决问题，为企业创造更高的价值。

第 5 章
不同注塑机之间试模参数的相互转换

由于产品的生产工厂变更，有时不得不变更设备再进行试模和生产，所以很多企业就会面对不同注塑机品牌、不同注塑机规格型号之间试模参数相互转换的问题。

5.1 概述

试模前，由于知道变更前的一模产品重量、工艺成型参数，所以事先以此为基础，换算成变更后注塑机的计量值、压力、速度，在条件设定时就比较容易。在试模过程中，主要的试模参数为：注射压力、注射速度、注射时间、射出位置、注射温度。

① 注射压力　注塑工程师都很清楚，注塑机的吨位越大，能够产生的注射压力也会越大。一般情况下，吨位大的注塑机所使用的螺杆也更大，注射过程的阻力变大，所以在不同吨位的转换过程中，大吨位的注塑机，所需的注射压力也会相应增加。

② 注射速度　注射速度主要体现为熔融塑料材料流入模具型腔中的速度。产品重量保持不变的情况下，注射螺杆小，所需要的注射速度就要相应加快，而大螺杆相对来说就可低速注射。主要原理是：熔体体积不变的前提下，横截面积越大流动速度就会变慢。

③ 注射时间　时间与速度有很大的关系。在注射相同塑料材料的时候，注射速度快，注射的时间就会变得短。

④ 射出位置　不同吨位的注塑机螺杆和料筒的大小都存在差异。一般大吨位注塑机会对应大尺寸规格的螺杆和料筒，所以相同的螺杆位置，大吨位的注塑机所熔化的物料会更多。注射量相等的情况下，大吨位的注塑机所移动的位置相对来说

会更短，对于精密部件来说，不宜选用大螺杆或大吨位的注塑机。

⑤ 注射温度　注射温度主要由所选择的塑料材料所决定，基本与注塑机的吨位大小没有直接的关系。但是需要注意的一点是：大吨位的注塑机，由于螺杆较大，螺杆产生的剪切热量会多一些，对于熔化相同量的塑料材料，加热圈设定的温度可以稍微偏低一点。敏感性强的塑料需要注意温度不要偏高。

5.2　不同注塑机的转换理论背景

生产过程中经常会遇到前期试模的机台忙、无法对应批量生产，而相同吨位的注塑机数量又不足的情况，因此就需要用不同注塑机或变更吨位进行批量生产。

在不同吨位机台转换过程中，需要尽量保证注射压力、注射速度、注射温度等相关参数与前期试模的时候一致。表5-1为博创80t和120t两种不同注塑机的相关参数，下面以这两种不同注塑机型号的产品为例进行讲解。

表 5-1　博创 80t 和 120t 注塑机参数

	技术参数	单位	BS80-Ⅲ	BS120-Ⅲ
	国际标准规格		252/80	388/120
注射系统	螺杆直径	mm	30	35
	理论注射容积	cm^3	120	182
	理论注射量(PS)	g	113	171
	理论注射量(PS)	oz	4.0	6.0
	理论注射压力	MPa	209	212
	螺杆长径比(L/D)		24	23.5
	注射行程	mm	170	190
	理论最大螺杆转速	r/min	250	222
	理论喷嘴接触力	kN	30	30
	射移行程	mm	250	250
合模系统	理论锁模力	kN	800	1200
	开模行程	mm	320	340
	模板尺寸	mm×mm	540×540	610×610
	拉杆间距	mm×mm	360×360	410×410
	模板最大距离	mm	680	790
	容模量(最薄～最厚)	mm	130～360	145～450
	顶针行程	mm	100	100
	理论顶出力	kN	28.5	34.4
	顶针数		4+1	4+1

续表

技术参数		单位	BS80-Ⅲ	BS120-Ⅲ
电力/电热	液压系统压力	MPa	14.5	17.5
	油泵电机功率	kW	11	11
	电热功率	kW	6.5	8.8
	温控区数		4	4

注：以上技术参数仅供参考。

产品基本信息：产品为组装的盖板塑料件，通过四个螺孔锁紧、扣住。产品变形量小于0.3mm，外观无明显熔接痕、射纹、料花等缺陷。孔位为重点管控尺寸，材料为ABS，单个产品重量为5.3g。产品图档如图5-1所示。

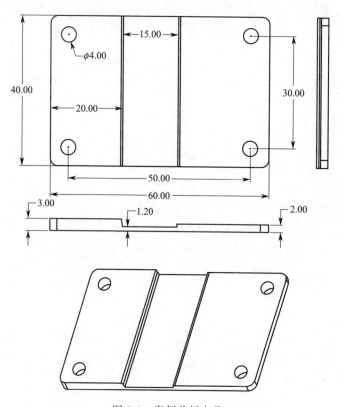

图5-1 案例盖板产品

模具基本信息：模具为两板模，模具外形尺寸大小为250mm×300mm×270mm，大浇口侧进料，顶针顶出产品。一模4腔（穴），流道重为4.5g。产品经过模流分析所得出的注射时间为1.5s左右，注射压力为80MPa，锁模力为64t。

表5-2 80t注塑机盖板案例工艺参数

标准工艺参数卡

模具名称	盖板	模具规格	250×300×270	材料	ABS	机合台编号/型号	80t	型腔数	1×4
周期	40	颜色	黑色			模厚/mm	270		

顶出

次数	顶出开始位置/mm	取件方式	前进终止点/mm	回退终止点/mm	温度/℃	射嘴	一段	二段	三段	四段
1	40	自动落下	121			235	230	225	220	190
					模温机温度/℃	60		热流道温度/℃		无

开合模

段数	合模压力（速度）/%	位置/mm	低压保护/%	开模压力（速度力）/t
1	40(30)	230	15	40(15)
2	55(55)	45	25	55(35)
3	35(35)	35	50	35(60)
4	20(20)	10		20(15)

锁模力/t: 64.00

塑化和背压

段数	R（转速）/%	BP（背压）/%	Pos.（位置）/mm	回吸	回吸模式	速度/%	回吸量/mm
					塑化后	40	5

R & BP	R（转速）/%	BP（背压）/%	Pos.（位置）/mm
1	55	15	25
2	70	20	50

注射

段数	IV & IP	P（压力）/%	V（速度）/%	HV速度/%	Pos.（位置）/mm
1	1	75	45	15	42
2	2	70	35		31
3	3	85	70		26
4	4	50	30		17

	HP	HP压力/%	注射时间/s	料垫位置/mm	HP时间/s	冷却时间/s
	HP	45	3±1	15±2	2	15

变更履历

	变更内容	变更人	日期	备注
1				无特别说明的参数按±10%控制，温度参数符合MTDS范围要求
2				料垫位置指保压切换位置
3				

版本

根据产品形状分析，产品注射大致分为四段，第一段为注射产品流道 4.5g，第二段为产品最厚部位 2.3×4+4.5=13.7(g)，第三段为产品最薄部位 3.2×4+4.5=17.3(g)，第四段完成注射 5.3×4+4.5=25.7(g)，如图 5-2 所示。

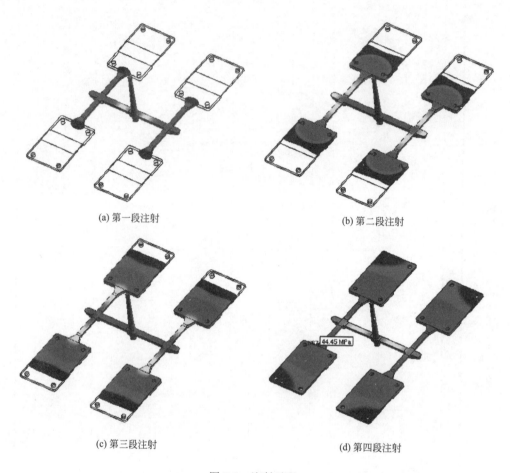

(a) 第一段注射　　　　　　　(b) 第二段注射

(c) 第三段注射　　　　　　　(d) 第四段注射

图 5-2　注射过程

根据以上信息及企业当前注塑机的实际状况，盖板产品使用 80t 注塑机（螺杆直径为 30mm）的参数如表 5-2 所示，后续以此份表格，转换成 120t 注塑机的工艺参数。

5.3　锁模力与温度的复制

① 锁模力　不同吨位的注塑机的锁模力不同，注塑机吨位越大，锁模力也越大。产品的投影大概面积为：40×60/(25.4×25.4)=3.7(in^2)，理论锁模力约为：

每个产品的投影面积×每个产品投影面积所需锁模力系数×4腔产品＝3.7×4×4＝60(t)。而80t注塑机设定为64t，满足这个产品的要求。

② 温度　对于塑料材料而言，熔融温度与注塑机的吨位没有直接的关系。所以同一套模具，在转换到不同吨位的注塑机上时，温度设置是一样的。在80t注塑机和120t的注塑机上料筒的温度设定一样，如表5-3所示。

案例产品所使用的材料为：ABS。材料建议温度为：200~240℃。

表5-3　盖板案例设定温度　　　　　　　　　　　　　　　　单位：℃

喷嘴	一段	二段	三段	四段
235	230	225	220	190

5.4　冷却与保压时间的复制

① 冷却时间　理论情况下是由所选择塑料材料和产品设计壁厚以及模具冷却系统所决定的。盖板材料为ABS，最佳壁厚为3mm，模具温度为60℃，顶出时产品温度85℃，按照理论计算冷却时间为12s。参考《模具开发实用技术》第3章的计算公式。

在实际生产过程中，冷却时间一般由另外一种方式去设定：螺杆的塑化时间再加上2s的缓冲时间。现实中多数注塑工程师觉得计算麻烦，就直接通过调整模具冷却时间观察样品是否会收缩变形、顶出变形来设定模具的冷却时间，80t注塑机设定的冷却时间为15s，出于注塑工程师的角度是切实可行的。从理论值和实际值分析来看，这个设定的时间还存在改善空间。

② 保压时间　80t注塑机设定的保压时间为2s，在转换成120t注塑机时，这个保压时间可设定为2s，也可根据产品的实际情况，估计在1~1.5s。理论上注塑机吨位越大，达到同样的效果所需要的保压时间就会越小。

5.5　背压与转速的复制

① 背压　注射成型过程中，塑料材料塑化后，需要一定的背压，把材料内的气体排出注塑机的料筒并把材料压实到一定的密度。不同吨位的注塑机，设定同样的参数值，产生的背压效果也会存在一定的差异。背压与螺杆的大小、螺杆的型号都有一定的关系。

以下设定的背压参数仅供参考：120t注塑机（螺杆直径为35mm）一段背压＝15%(80t注塑机背压)×30×30/(35×35)＝11%，暂可设定为10%，二段背压同以上方法计算为15%。

② 转速　塑料材料塑化过程中，转速是很重要的一个参数。转速的大小会影

响材料在料筒内是否会降解，塑化是否均匀，与螺杆的大小有直接的关系。相同吨位的注塑机，螺杆越大，所需要的转速就会越低。

螺杆转速参考计算：120t 注塑机（螺杆直径为 35mm）一段转速＝55%（80t 注塑机转速）×30×30/(35×35)＝40%，二段转速同以上方法计算为 51%。

5.6　V-P 位置的复制

保压切换位置，相对于塑料产品而言，该位置同种塑料材料量是不变的。而对于不同吨位、不同螺杆大小的注塑机而言，保压切换位置参数的设定值是不同的。所以更换不同的注塑机后，需要重新计算保压切换位置。

盖板案例讲解：80t 注塑机的保压切换位置为 10mm。注塑机螺杆内所存留的料量为：15×15×15×3.14＝10597(mm^3)。在转换到 120t 注塑机后，由于注塑机螺杆增大到 35mm，保压切换位置＝10597/(3.14×17.5×17.5)＝11(mm)。

5.7　填充速度的复制

填充速度是产品有决定性的影响因素，所以在不同吨位注塑机中的转换就显得异常重要了。填充速度的转换是根据一定时间内，填充的塑料量不变为基础进行转换计算的。

注射速度＝注射量/(料筒的截面积×螺杆向前移动的注射速度×材料密度×注射时间)，在注射量和注射时间都不变的情况下，料筒的截面积与注射速度成反比，所以 80t 注塑机的注射速度转换成为 120t 注塑机的注射速度，如下：

120t 注塑机：第一段注射速度＝45×15×15/(17.5×17.5)＝33(mm/s)
　　　　　　第二段注射速度＝35×15×15/(17.5×17.5)＝26(mm/s)
　　　　　　第三段注射速度＝70×15×15/(17.5×17.5)＝51(mm/s)
　　　　　　第四段注射速度＝30×15×15/(17.5×17.5)＝22(mm/s)

5.8　射出位置的复制

射出位置的转换是在注射量不变的情况下进行的。120t 注射机注射总位置＝25.7/(3.14×17.5×17.5×1.05)＝25.4(mm)。螺杆塑化完成后的位置＝料垫位置＋注射总位置＝11＋25.7＝36.7(mm)（必要情况下还要加上倒索量，一般为 5mm）。

产品注射大致分为四段，第一段为注射产品流道 4.5g，第二段为产品最厚部位 2.3×4＋4.5＝13.7(g)，第三段为产品最薄部位 3.2×4＋4.5＝17.3(g)，第四段完成注射 5.3×4＋4.5＝25.7(g)。每一段的射出位置如下所示：

表 5-4 120t 注塑机盖板案例工艺参数

标准工艺参数卡

模具名称	盖板	模具规格	250×300×270	机台编号/型号			120t		型腔数	1×4
周期	40	材料	ABS	颜色	黑色					

顶出

次数	顶出开始位置/mm	取件方式	前进终止点/mm	回退终止点/mm	模厚/mm		温度/℃	一段	二段	三段	四段
1	230	自动落下	121		270		射嘴	235			
							模温机温度/℃	60			
							热流道温度/℃				无

开合模

段数	合模压力(速度)/%	低压保护/%	位置/mm	开模压力(速度)/%	位置/mm						
1	40(30)	15	2.5	40(15)	10		回吸模式	回吸后			
2	55(55)			55(35)	45						
3	35(35)			35(60)	250		塑化前				
4	20(20)			20(15)	350						

塑化和背压

段数	R(转速)/%	BP(背压)/%	Pos.(位置)/mm		IV & IP	P(压力)/%	V(速度)/%	HV速度/%	Pos.(位置)/mm	回吸量/mm
1					1	75	33			5
2					2	70	26			
3					3	85	51			
4					4	50	22			

R & BP	R(转速)/%	BP(背压)/%	Pos.(位置)/mm			HP	HP压力/%	HV速度/%		HP时间/s
1	40	10	25			1	45	15		2
2	51	15	36.7			注射时间/s	料垫位置/mm			冷却时间/s
						3±1	11±2			15

变更履历

变更人	日期	变更内容			备注			Pos.(位置)/mm	
1					无特别说明的参数按±10%控制,温度参数符合MTDS范围要求			32.2	
2					料垫位置指保压切换位置			19.4	
3								12.3	

| 版本 | | | | |

120t 注塑机：第一段射出位置＝4.5×1000/(3.14×17.5×17.5×1.05)＝4.5(mm)
　　　　　　第二段射出位置＝9.2×1000/(3.14×17.5×17.5×1.05)＝9.2(mm)
　　　　　　第三段射出位置＝3.6×1000/(3.14×17.5×17.5×1.05)＝3.6(mm)
　　　　　　第四段射出位置＝8.4×1000/(3.14×17.5×17.5×1.05)＝8.4(mm)

为了方便学习，把这几段射出位置做成了如下示意图（图 5-3）：

图 5-3　盖板案例螺杆注射量简图

在转换成 120t 注塑机后的参数如表 5-4 所示。主要修改部分见红色部分，其他成型工艺参数可根据成型过程中的顺畅状况，进行微调，以达到最佳效果。

虽然不同注塑机都是可以相互转换参数的，但是由于参数转换后，速度、压力、位置会存在明显的变化，造成塑料产品存在变形、烧焦、尺寸偏差、缩水等不可预见性的风险。为了保证产品稳定性，不建议更换不同吨位的注塑机。即使相同的注塑机，可能由于螺杆型号的差异、温度控制准确性、射出位置的准确性等，也会存在稍许差异。在更换注塑机时，需要谨慎。

第6章
注塑产品常见缺陷及改善

6.1 填充不足(缺料、短射)

(1) 缺陷定义

填充不足(缺料、短射)是指熔融塑料在注射时,未完全填充满模具型腔内的角落,如图6-1所示。

图6-1 填充不足

(2) 原因分类

① 产品设计原因 产品的厚度与长度比例不当,材料无法流动到产品的末端。形状结构复杂,筋位多、深,造成注射压力损失大及容易困气。

② 材料原因　a. 材料流动性差。b. 冷料杂质阻塞流道。
③ 模具原因　a. 浇注系统设计不合理。b. 模具排气不良。c. 模具温度太低。
④ 注塑工艺原因　a. 熔料的温度太低。b. 喷嘴的温度太低。c. 注射压力或保压压力不足。d. 注射速度太慢。e. 注射时间不够。
⑤ 注塑机原因　a. 设备选择型号不当，注射压力不足。b. 注射螺杆的止逆环与料筒磨损间隙较大时，熔料在料筒中回流严重会引起供料不足，导致欠注。

(3) 解决方案
① 产品设计对策　设计塑件的形状结构时，应注意塑件的厚度与熔料填充时的极限流动长度。在注射成型中，塑件的厚度采用最多的为1～3mm，大型塑件为3～6mm。
② 材料对策　a. 更换材料或添加助剂改善流动性。b. 将喷嘴拆下清理或扩大模具冷料穴和流道截面。
③ 模具对策　a. 设计浇注系统时要注意浇口平衡。浇口或流道在流动过程中，压力损失太大，熔料流动受阻。对此可以扩大流道截面和浇口面积或采用多点进料。b. 残留的大量气体受到流料挤压，阻碍熔料填充，所以要加开排气槽。c. 模具设计过程中，要充分考虑模具的温度控制系统，否则会造成熔料在进入型腔后，整个模板的温度不可控，熔料因冷却太快而无法充满型腔的各个角落。
④ 注塑工艺对策　a. 升高温度，但要注意防止温度过高，材料产生炭化。b. 升高喷嘴温度。c. 根据产品实际情况调整压力。d. 注射速度太慢，熔料填充缓慢，而低速流动的熔体很容易冷却，使其流动性能进一步下降产生欠注，所以应适当加快射速。e. 延长注射时间。
⑤ 注塑机对策　a. 在选用注塑机时，单模的注射总重量不能超出注塑机塑化量的80%。b. 调整料筒与螺杆及止逆环的间隙，修复设备。

6.2　产品重量不稳定

(1) 缺陷定义
产品重量不稳定（注塑不稳定）是指塑料产品的重量不稳定或达不到设定的标准重量，并伴随着有超出范围的变动，如图6-2所示。

(2) 原因分类
① 材料原因　a. 塑料材料中有杂质，而杂质的密度又比所使用的材料密度要小，所以熔融后的材料重量存在差异。b. 塑料干燥程度不足，含水量过大。c. 塑料质量不稳定（有添加回收料）。
② 模具原因　a. 浇口太小，造成无法完全填充模具型腔。b. 模具温度不均匀或者偏低。
③ 注塑工艺原因　a. 熔融塑料的背压压力不足，造成材料内有气体，移动

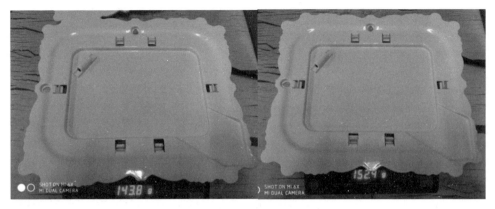

图 6-2　产品重量不稳定

同样多的位置，重量却偏小。b. 料斗下料不稳定，料筒内有一部分空洞，造成偏差。c. 注射时间不足，未填充满，设定的注射时间已用完。d. 保压时间和压力不足。

④ 注塑机原因　a. 注塑机的止逆环有磨损，注射过程中，熔料有回流现象，造成注射量不稳定。b. 计量行程或料垫的熔料量有变动。c. 锁模力不足，这种情况下产品重量会有所增加。

（3）解决方案

① 材料对策　a. 使用纯原料和清洁生产设备，以防止产生杂质。b. 充分干燥材料。c. 使用不加回料的纯原料。

② 模具对策　a. 加大浇口。b. 调整模具温度。

③ 注塑工艺对策　a. 增加熔料背压压力，排出料筒内的气体，同时把熔融材料压实。b. 拆下料斗进行检查与疏通。c. 延长注射时间。d. 延长保压时间，加大保压压力。

④ 注塑机对策　a. 更换注塑机配件。b. 检测设备的稳定性。c. 调大锁模力或更换大吨位的注塑机。

6.3　变形

（1）缺陷定义

变形（翘曲、扭曲）是指塑料件在注塑时，模具内的材料受到高压而产生内部应力，脱模时，注塑产品的形状偏离了产品设计的形状和模具型腔固有的形状，注塑的塑料产品外形尺寸与产品设计的尺寸有较大差异（收缩翘曲），并发生不规则的弯曲，如图 6-3 所示。

（2）原因分类

① 操作原因　习惯不好。顶出的制品，操作员不按规定放置，产品还未完全

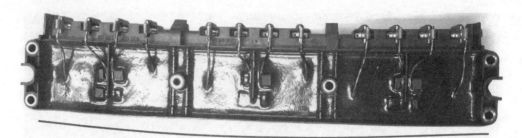

图 6-3　变形

冷却，可能产生了翘曲。

② 设计原因　产品结构设计不合理，壁厚差异大或者太薄。产品形状结构异常复杂。

③ 材料原因　a. 塑料含水量过多（除湿干燥不完全）。b. 对塑料的收缩量预估不正确（模具预缩量）。c. 材料的流动性不佳。d. 材料中添加的助剂比例不当。

④ 模具原因　a. 前、后模具温差大。b. 模具温度太低。c. 型腔厚薄差异太大。d. 浇口的数目或位置不当。e. 浇口太小、流道太长。f. 顶出不均。顶出时产品未完全冷却，产品容易翘曲或顶针位置选择不当。g. 冷却水路设计不适当，冷却效率不均匀。

⑤ 注塑工艺原因　a. 料筒温度太低。当料筒温度太低时，熔融温度低，残余剪切应力大，容易翘曲。b. 喷嘴温度太低。喷嘴和模具接触部位带走的热量太多，料温就会降下来，勉强以高速成型时，残余剪切应力大，容易翘曲。c. 注射压力太大。d. 保压压力或保压时间不当。e. 冷却时间不当。f. 缓冲不够。

（3）解决方案

① 操作对策　把产品放入指定的位置，规范操作。

② 产品设计对策　改变产品厚度设计，要保证壁厚能够承受产品的变形力，或做预变形校正的结构设计，来改善翘曲现象。

③ 材料对策　a. 检查塑料干燥程度及含水量。b. 检查塑料成型收缩率，比较材料供应商建议值与实际收缩量之差异，或在模具上做预变形来校正材料的收缩变形。c. 选用优质、强度好的材料。一般情况下，塑料材料的密度越小，产品的收缩变形就会越大，供选材参考。d. 适当调整材料助剂的配比。

④ 模具对策　a. 尽量减少模具温差。b. 模具温度要达到材料所需要的范围。c. 调整模具设计结构，减少差异。d. 对产品进行模具流动性分析，重新确认浇口位置的合理性。e. 加大流道或减少型腔数量。f. 合理设计顶出位置。

⑤ 注塑工艺对策　a. 提高料温。b. 提高喷嘴的温度。c. 降低注射压力。d. 减小保压压力，缩短时间。e. 延长冷却时间。f. 加长缓冲。

6.4 产品内孔偏心

（1）缺陷定义

产品内孔偏心是指注射成型后，产品的内孔会产生与设计的壁厚差异，出现一边薄一边厚的现象，如图 6-4 所示。

图 6-4 产品内孔偏心

（2）原因分类

① 产品设计原因　a. 产品本身有设计长芯的结构，造成先天性偏心缺陷风险。b. 产品长芯结构未考虑防偏心的结构设计。

② 模具原因　a. 模具长芯加工过程中有较大的偏心，造成产品往一边偏。b. 模具的长芯没有设计冷却系统，生产过程中因为高温造成模具长芯往一边变形而偏心。c. 长芯镶件的强度不足，无法承受注射压力。

③ 注塑工艺原因　a. 注射压力过大，把模具长芯镶件冲偏。b. 注射速度过快，使熔融的物料往一边挤压，而形成偏心。

（3）解决方案

① 产品设计对策　a. 避免产品长芯结构的设计，改用镶拼的结构。b. 长芯产品做碰穿结构，以防偏心。

② 模具对策　a. 提高模具加工精度，设计可调整长芯偏心的模具结构。b. 加强模具长芯镶件的冷却效果。c. 模具长芯镶件设计相对大一点，以保证强度。

③ 注塑工艺对策　a. 低压注射。b. 先以低速进行注射，保证长芯镶件周边都

有物料后,再进行高速注射。

6.5 变色、发黄

(1) 缺陷定义

变色、发黄是指与产品指定的颜色有差异,主要局部呈现出发黄、发黑等,如图6-5所示。

图6-5 产品变色、发黄

(2) 原因分类

① 材料原因 a. 使用不适合之色料,耐热性不足,造成材料在料筒内已变色或发黄。b. 除湿干燥温度过高,或时间过长,使材料本身变色。

② 模具原因 浇口太小,注射过程中,产生了剪切热,使材料分解。

③ 注塑工艺原因 a. 熔融料温过高。b. 在料筒中滞留时间过长。c. 注射速度太快,流动过程中有过大的剪切热产生。d. 生产过程中有不正常停机。

④ 热流道原因 a. 热流道通道存在死角。b. 热流道加工粗糙,造成材料滞留时间长。

(3) 解决方案

① 材料对策 a. 检查所用色料或添加剂的耐温性与热稳定性。b. 检查干燥温度和时间。

② 模具对策 加大浇口或改为其他类型的浇口。

③ 注塑工艺对策 a. 检查熔融温度,降低料温;降低塑化时的螺杆转速及背压。b. 检查注射量,确认是否使用正确之塑化单元。c. 降低注射速度,以减少剪切升温现象。d. 确认生产过程中是否有过久之停机,停机时,料筒的温度需降低。

④ 热流道对策 a. 改善热流道通道,消除死角。b. 热流道通道抛光。

6.6 气纹

(1) 缺陷定义

气纹是指产品浇口部位或表面局部存在条状或块状的流痕,从而影响整个产品的外观,如图 6-6 所示。

图 6-6 气纹

(2) 原因分类

① 产品设计原因　a. 产品的壁厚太厚,造成内部气体浮出表面。b. 结构复杂,使气体无法完全排出。

② 材料原因　a. 材料流动性差。b. 润滑剂太少。

③ 模具原因　a. 浇口尺寸过小,造成流动速度慢。b. 浇口位置不合理。

④ 注塑工艺原因　a. 注射压力低,速度慢。b. 注射时间太短。c. 材料温度和模具温度过高,造成材料流动性太好,气体无法及时排出而形成气纹。

(3) 解决方案

① 产品设计对策　a. 调整产品壁厚。b. 简化产品结构。

② 材料对策　a. 更换流动性好的材料或添加助剂。b. 增加润滑剂。

③ 模具对策　a. 增加浇口与流道尺寸。b. 变更浇口的位置。

④ 注塑工艺对策　a. 增加注射压力和速度。b. 适当延长注射时间。c. 降低材料和模具温度。

6.7 顶针位置不平

(1) 缺陷定义

顶针位置不平是指注射成型后,产品的顶出位置有或高或低的顶出痕迹,从而影响产品外观或装配功能,如图 6-7 所示。

图 6-7 顶针位置不平

(2) 原因分类

① 模具原因 a. 顶针本身装配后存在虚位或松动。b. 顶针的高度有高出或低于模具型腔面的。c. 回位弹簧力太大,造成顶针板变形,不能所有顶针同时顶出产品。

② 注塑工艺原因 a. 顶出压力设定过大,已经把顶针板顶变形。b. 顶出的顶棍孔数量不够,造成顶针板变形,顶出不平衡。

③ 注塑机原因 注塑机的模板已经变形,水平度有偏差,造成天侧或地侧顶出差异。

(3) 解决方案

① 模具对策 a. 提高模具加工精度,保证顶针固定。b. 提高模具加工精度,确保顶针高度的一致性。c. 使用弹簧力较小或加厚顶针板,加硬顶针板,防止变形。

② 注塑工艺对策 a. 在确保能顶出产品时,使用较小的顶出力,并把顶出速度放慢一些。b. 增加顶棍孔,确保顶出的平衡性。

③ 注塑机对策 更换注塑机生产或修理模板,保证水平。

6.8 烧焦

(1) 缺陷定义

烧焦是指在产品流动末端局部位置形成不规则的深色焦痕,如图 6-8 所示。注意:同一个产品的末端可能不止一个部位。

(2) 原因分类

① 模具原因 a. 模具在流动末端局部位置的气体无法排出。b. 排气槽数量不够。

② 注塑工艺原因　a. 气体包风造成压缩气体产生高温形成烧焦。b. 末段注射速度过快。c. 成型时射速太快，模具内气体未能排出。d. 料筒温度或模具温度太高。

③ 注塑机原因　注塑机锁模力过大，气体无法排出。

（3）解决方案

① 模具对策　a. 模具设计时需有良好的排气设计，变换模具浇口位置或加大浇口尺寸。b. 增加排气槽数量。

② 注塑工艺对策　a. 适当的模具设计，使流动波前顺利填充。b. 末段射速减慢。c. 降低射速，保证气体能排出；对于薄壁产品使用型腔抽气装置。d. 降低材料温度和模具温度，调整注射压力、速度及位置的切换。

③ 注塑机对策　降低锁模力，便于模具型腔气体排出。

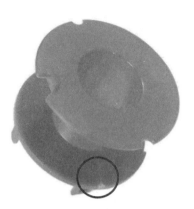

图 6-8　烧焦

6.9　黑点、黑线

（1）缺陷定义

黑点、黑线是指在塑料产品结合线、背部肋条、浮出物附近或在流动末端的转角局部位置附近形成集中性的焦黑现象，有时候会出现无规律的黑点、黑线，如图 6-9 所示。

图 6-9　黑点、黑线

（2）原因分类

① 材料原因　a. 原料本身带黑点。b. 原材在运输、贮藏过程中受到污染。c. 材料在人工配比或造料时混入杂物。d. 有些原料中需要添加润滑剂，如果添加

不足，就会严重产生摩擦热，因废气太多排出不及时，造成气体燃烧产生黑纹（黑斑）。e. 原材料本身耐热性不足，无法承受作业温度，原料裂解。

② 模具原因　a. 模具各浇口太小或太粗糙，会导致产生大量的摩擦热，如果模具排气不良，就会致使气体燃烧产生明显的黑色条纹（黑斑）。b. 模具的导柱、导向套磨损产生铁屑掉入型腔。c. 模具表面滑块、顶针等部位太脏，保养不好所致。

③ 注塑机原因　a. 干燥机过滤网进入异物或因通风不好造成材料变色、结块。b. 干燥机料筒未（完全）密封，导致空气中粉尘进入；或粉尘飞散，污染周边的产品及粉碎机内的材料。c. 没有做好防护，导致散落灰尘混入设备。d. 粉碎机的遮蔽不到位，导致受污染及污染别的材料。e. 喷嘴的孔径太小或内表面太粗糙，产生大量的摩擦热。f. 料筒或螺杆头（也称过胶头）磨损、龟裂弯曲时，一部分聚合物过热而产生黑纹（黑斑）。g. 止逆环（也称过胶圈、过胶环）外径和缸壁间隙公差太大使螺杆熔料产生较大阻力面，从而产生摩擦热导致黑纹产生。h. 螺杆与料筒之间偏心产生非常大的摩擦热。i. 电热片的实际温度和温度表显示的误差太大。

④ 其他原因　a. 料筒中长时间生产不同的材料，因温度高低变化，发生了氧化、降解。b. 更换材料时，没有将料筒彻底清洁。c. 掉到地上的产品或流道废料直接投入粉碎机。d. 洗机时未完全置换出料筒中原先使用的低温材料，当作业温度升高时，致使低温材料（防火剂、添加剂等）无法承受此温度，受热降解。

(3) 解决方案

① 材料对策　a. 更换原材料。b. 运输和贮藏过程中保持清洁。c. 混料时清理干净设备。d. 调整配比。e. 更换耐高温的材料。

② 模具对策　a. 加大浇口并抛光。b. 定期保养模具，添加润滑剂。c. 做好活动模具部件的清洁工作。

③ 注塑机对策　a. 定期清理干燥机过滤网，必要时进行更换。b. 密封好干燥机及粉碎机相关设备。c. 做好 6S 清洁工作。d. 规范材料范围，做好清洁工作。e. 加大喷嘴的孔径及抛光内表面。f. 更换注塑机配件。g. 更换注塑机配件。h. 更换注塑机配件或进行修理。i. 检测后并进行更换。

④ 其他对策　a. 注射出长时间停留在料筒内的材料或降低材料温度。b. 确保清洁后再换料。c. 清洗干净后再投入进去。d. 确保清洁后再换料。

6.10　浇口残留

(1) 缺陷定义

浇口残留是指浇口残料留在成型品表面上的一种现象，如图 6-10 所示。

(2) 原因分类

① 材料原因　材料特性等级固有的问题（耐冲击性等级或合金等级的材料）。

图 6-10 浇口残留

② 模具原因　浇口形状、大小设计不当。
③ 注塑工艺原因　a. 浇口固化不足。b. 浇口附近残余应力较大。
（3）解决方案
① 材料对策　更换材料或添加助剂改变性能。
② 模具对策　a. 促进浇口固化。b. 减小浇口附近的残余应力。c. 改进浇口形状。
③ 注塑工艺对策　a. 降低模具温度。b. 留足冷却时间。

6.11　拉白

（1）缺陷定义

拉白是指在筋位或柱位上，出现明显的条状拉白或拉丝情况，如图 6-11 所示。

图 6-11　拉白

（2）原因分类
① 产品设计原因　产品设计出现尖角，无脱模斜度。

② 模具原因　a. 模具表面纹路太粗,产品脱模过程中,摩擦表面形成表面拉白。b. 顶针设计不合理性,顶出不平衡。c. 分型面错位或倒扣造成产品侧面有拉伤痕。

③ 注塑工艺原因　a. 注射压力以及注射切换位置的选择不当,使得产品填充过饱。b. 保压压力以及保压速度的控制及保压切换位置的选择、背压的大小不合适,产品密度大,粘住型腔。c. 模具温度参数设置不合理。

(3) 解决方案

① 产品设计对策　产品进行倒圆角并增加脱模斜度。

② 模具对策　a. 模具表面抛光。b. 拉白位置增加顶针。c. 确认分型面无倒扣,用油石修顺。

③ 注塑工艺对策　a. 在保证产品完全填充的前提下,用尽量低的注射压力。b. 确认产品尺寸和外观没有问题,降低保压压力或时间,或取消保压。c. 调整模具温度及冷却时间。应保证产品还有轻微的软化状态,就不易拉伤产品。

6.12　水波纹

(1) 缺陷定义

水波纹是塑料流动的痕迹,以浇口为中心而呈现的水波纹模样,如图 6-12 所示。

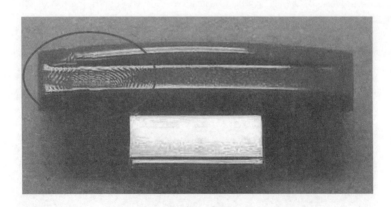

图 6-12　水波纹

(2) 原因分类

① 材料原因　材料流动性太差。

② 模具原因　浇口位置过小,造成注射速度慢而形成的。

③ 注塑工艺原因　a. 材料塑化不良。b. 模具温度偏低。c. 注射速度太慢。d. 保压压力太小或保压时间不足。

(3) 解决方案

① 材料对策　添加助剂改善流动性或更换流动性好的塑料材料。

② 模具对策　加大浇口。

③ 注塑工艺对策　a. 提高料温或提高螺杆转速。b. 提高模具温度。c. 加大注射速度（压力）。d. 增加保压压力或延长保压时间。

6.13 刮伤

(1) 缺陷定义

刮伤是指产品表面或边角上被异物所伤，如图 6-13 所示。关于刮伤产品主要是产品在转移或取出过程中，人为因素造成的。

图 6-13　刮伤

(2) 原因分类

①作业员在加工中碰伤产品。②包装过程中刮伤产品。③运输过程中碰刮伤产品。④产品从模具中取出时，碰到模具滑块或拉杆。这种情况下的刮伤会有固定的位置和刮伤长度。⑤产品有尖角，产品与产品之间相互刮伤。

(3) 解决方案

①督导作业员在工艺过程中保持工作台清洁，把不必要的物品或工具清除掉，桌面边角做好防护措施。②教育作业员做到轻拿轻放，做好自主检查。③改善对产品包装保护设计。④跟进模具生产状况，及时调整取出位置或角度。⑤产品边沿倒圆角。

6.14 色差

(1) 缺陷定义

色差是指着色过程中，因色母结块而造成物料混合不均匀。一般较常发生在选用具有高黏度、流动性较差的塑料时。

(2) 原因分类

① 材料原因　a. 着色的工序不合理，造成混色效果差。b. 大颗粒的色母粒无法充分熔化与塑料材料混合。c. 材料和色母粒的密度差异大及分子链组成不同，造成相容性差，达不到想要的颜色效果。

② 注塑工艺原因　塑料成型过程中，承受高的剪切力和高温，使得塑料材料降解。

③ 注塑机原因　螺杆混色性差，无法保证颜色均匀一致。

(3) 解决方案

① 材料对策　a. 使用抽粒、色浆。b. 使用较细小的色母粒。c. 更换不同色母粒。为了保证色母粒的稳定性，尽量用无机色母粒。

② 注塑工艺对策　调整注射压力和注射速度；提高背压。

③ 注塑机对策　增加螺杆的长径比；使用剪切混合性好的螺杆。

6.15　表面光泽度不良

(1) 缺陷定义

表面光泽度不良是指在塑料产品的表面上整体或局部位置昏暗没有光泽，或者局部发亮，如图 6-14 所示。

图 6-14　表面光泽度不良

(2) 原因分类

① 材料原因　a. 塑料的干燥程度不足。b. 材料流动性较差。c. 材料分解变色。

② 模具原因　a. 型腔表面氧化、磨耗或是抛光亮度不足。b. 模具型腔表面有油污、水分，脱模剂用量太多或选用不当。c. 模具温度设定不当，模具温度过高或过低都会导致光泽度不良。d. 脱模斜度太小，断面厚度突变，筋位过厚以及浇口和浇道截面太小或突然变化，浇注系统剪切作用太大，熔料呈湍流态流动。e. 模具排气不良。

③ 注塑工艺原因　a. 注射速度太快或太慢，注射压力太低，保压时间太短，增压器压力不够。b. 纤维增强塑料的填料分散性能太差，填料外露或铝箔状填料无方向性分布，料筒温度太低，熔料塑化不良以及供料不足。c. 在浇口附近或变截面处产生暗区。d. 料筒温度太高或太低。

（3）解决方案

① 材料对策　a. 延长干燥时间。b. 添加流动性好的助剂或更换成型材料。c. 降低成型时的温度或更换耐高温的材料。

② 模具对策　a. 清洗模具表面或增加模具表面抛光亮度，在模具设计时选用较好的模具钢材。b. 模具型腔表面必须保持清洁，及时清除油污和水渍。脱模剂的品种和用量要适当或不使用。c. 为了增加光泽，可适当提高模温。根据塑料材料性能进行选择，并确保模温和稳定性。这里需要重点注意，高光产品提高模具温度是可以增加光泽，但是纹面产品提高模具温度，光泽会变暗的。d. 增大脱模角度或调整浇口。e. 提高注射速度，必要时改善排气设计。

③ 注塑工艺对策　a. 注射成型时塑料产品的密度差异造成的，需要对具体情况进行调整。b. 改用混料性好的螺杆，加强熔融和塑化能力。c. 降低注射速度，改变浇口位置，扩大浇口面积以及在变截面处增加圆弧过渡等方法。d. 改善料筒温度。

6.16　喷流

（1）缺陷定义

喷流是指在成品表面会看到类似蛇纹的熔融喷流纹，通常发生在浇口附近或有压缩的区域附近，如图 6-15 所示。

图 6-15　喷流

(2)原因分类

① 材料原因　材料流动性太好。

② 模具原因　a. 浇口或成品厚度设计不良无法成形层流。b. 浇口位置无阻挡墙，塑料直接进入型腔。c. 浇口尺寸过小或薄壁区域尺寸过小。

③ 注塑工艺原因　射速过快。

(3)解决方案

① 材料对策　降低材料的流动性或更换材料。

② 模具对策　a. 重新设计浇口尺寸（加大）及位置（加阻挡）。b. 增加浇口截面尺寸。c. 重新设计成品厚度变化。

③ 注塑工艺对策　调整注射速度条件，慢速进入模具型腔填充。

6.17　产品崩缺

(1)缺陷定义

产品崩缺是指塑料制品某一区域发生崩裂或崩断，而造成产品外观和结构不良，主要发生在所使用的脆性塑料材料尖角、薄胶部位，如图6-16所示。

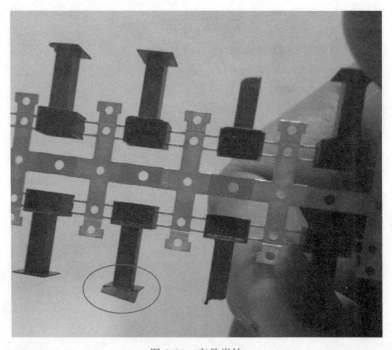

图6-16　产品崩缺

(2)原因分类

① 材料原因　a. 熔料的流动性差。b. 熔料的流动路径过长。c. 材料脆性大。

② 模具原因　a. 模具排气设计不良，产品无法完全填充，使得强度降低。b. 模具存在尖角，使转角位置应力集中，产生暗裂或断裂。c. 顶出不平衡，顶裂产品。

③ 注塑工艺原因　a. 注射速度过快，产生的高温气体与熔融的物料混合在一起，降低材料的性能。b. 保压压力较大，粘住模具，顶出受力造成开裂或崩缺。

（3）解决方案

① 材料对策　a. 提高料温、模温，改善熔料流动特性。b. 添加助剂或增加成品厚度，重新设计浇口位置，缩短熔料流长比。c. 增加助剂改善脆性或更换材料。

② 模具对策　a. 改善模具排气效果。b. 模具倒角，防止应力集中。c. 增加顶针。

③ 注塑工艺对策　a. 降低注射速度，防止粘模。b. 降低保压压力，防止粘模。

6.18　尺寸不良

（1）缺陷定义

尺寸不良是指产品所标注的尺寸与实际测量的尺寸不符，局部结构不符合客户标注要求，如图 6-17 所示。

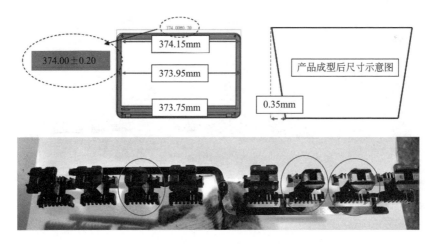

图 6-17　尺寸不良

（2）原因分类

① 模具原因　a. 模具结构设计造成，未考虑变形量。b. 模具尺寸未做到位。c. 产品进料不平衡，造成同一个面，测量的数据差异较大。

② 注塑工艺原因　a. 成型周期太短，产品未冷却，出模后，产品再次收缩造

成尺寸偏小。b. 成型参数设定不当,无法满足客户图纸尺寸要求。

③ 注塑机原因　a. 料筒与螺杆磨损,注射终点不稳定。b. 机器压力不稳定。

(3) 解决方案

① 模具对策　a. 提前考虑产品问题,进行优化。b. 测量模具实际尺寸并做到位。c. 修改模具,达到平衡。

② 注塑工艺对策　a. 延长成型周期。b. 重新修改成型参数。

③ 注塑机对策　a. 检修螺杆止逆环或更换料筒组合。b. 检修机器压力系统或更换油封。

6.19 料花(银纹)

(1) 缺陷定义

料花(银纹)一般是在产品浇口边缘流动方向产生,产品表面呈银白色,如图 6-18 所示。主要形成的原因是材料中含有气体,在注射时将其挤到产品表面。

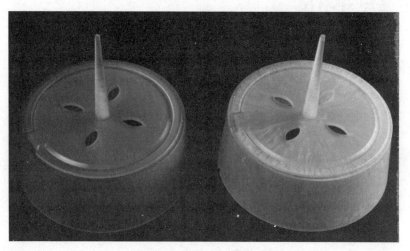

图 6-18　料花(银纹)

(2) 原因分类

① 材料原因　a. 原料中混入杂料或粒料中掺入大量粉尘,熔融时容易夹带空气,有时会出现银纹。原料受污染或粉尘过多时原料容易受热分解。b. 回料(再生料,水口料)添加过多。c. 材料中的助剂分解形成银纹。d. 材料中水分过多未能充分干燥,造成制件银纹。e. 材料本身不耐高温。

② 模具原因　a. 浇口位置不佳、浇口太小、多浇口制件浇口排布不对称、流道细小、模具冷却系统不合理使模具温度差异太大等造成熔料在型腔内流动不连续,堵塞了空气的通道。b. 转角的位置过于尖锐,料流经过时剪切过大造成银纹出现;c. 模具分型面排气不足、位置不佳,不能排尽空气。d. 模具表面粗糙,摩

擦阻力大，造成局部过热点，使通过的塑料分解。e. 模具漏油、漏水、漏气，进入模具型腔易造成制件表面银纹。

③ 注塑工艺原因　a. 料温太高，造成分解。b. 注射速度太快，使熔融塑料受大剪切作用而分解，产生分解气体；注射速度太慢，不能及时充满型腔，造成制品表面密度不足产生银纹。c. 料量不足、加料缓冲过大、料温太低或模温太低都会影响熔料的流动和成型压力，产生气泡。d. 螺杆预塑时背压太低、转速太高，使螺杆退回太快，空气容易随料一起推向料筒前端。e. 螺杆抽胶位置过大。

④ 注塑机原因　a. 喷嘴孔太小、物料在喷嘴处流延或拉丝、料筒或喷嘴有障碍物，高速料流经过时产生摩擦热使料分解。b. 料筒、螺杆磨损或螺杆头、止逆环存在料流死角，长期受热而分解。c. 加热系统失控，造成温度过高而分解。螺杆设计不当，造成分解或容易带进空气。

(3) 解决方案

① 材料对策　a. 清洁环境及混料环境。b. 减少回料的添加量或不添加。c. 更换助剂或不使用。d. 烘料。e. 更换材料。

② 模具对策　a. 加大浇口。b. 对结构进行倒角。c. 加开排气孔。d. 抛光模具表面。e. 检查模具有没有油、水、气的泄漏。

③ 注塑工艺对策　a. 降低料温。b. 降低注射速度。c. 增加料量。d. 提高背压。e. 减少螺杆抽胶的位置量。

④ 注塑机对策　a. 选择合适的喷嘴孔。b. 更换结构。c. 检查结构后进行更换。

6.20　气泡

(1) 缺陷定义

气泡是指塑化过程中，由于含有水分或空气，原料分解，在产品内产生真空或壁厚处的中心冷却最慢的地方，迅速冷却快速收缩的表面将原料拉扯，引起空隙，形成气泡，如图 6-19 所示。

(2) 原因分类

① 产品设计原因　成品厚度设计不良，局部过厚。

② 材料原因　a. 原料中混入其他塑料，或粒料中掺入大量粉料，熔融时容易夹带空气。b. 使用了回料，料粒结构疏松，微孔中储留的空气量大。c. 原料中含有挥发性溶剂，或原料中的液态助剂，如助染剂白油、润滑剂硅油、增塑剂二丁酯以及稳定剂、抗静电剂等用量过多或混合不均，以积集状态进入型腔，形成气泡。d. 塑料没有干燥处理，或从大气中吸潮。e. 有些牌号的塑料，本身不能承受较高的温度或较长的受热时间。

③ 模具原因　a. 设计缺陷，如：浇口位置不佳、浇口太小、流道细小、模具

图 6-19 气泡

冷却系统不合理使模温差异太大等造成熔料在型腔内流动不连续，堵塞了空气的通道。b. 模具分型面排气不足、堵塞等。c. 模具表面粗糙，摩擦阻力大，造成局部过热点，使通过的塑料分解。

④ 注塑工艺原因　a. 料温太高，造成分解。b. 注射压力小，保压时间短，使熔料与型腔表面不密贴。c. 注射速度太快，使熔融塑料受大剪切作用而分解，产生分解气；注射速度太慢，不能及时充满型腔，造成制品表面密度不足，产生气泡。d. 料量不足、加料缓冲垫过大、料温太低，或模温太低，都会影响熔料的流动和成型压力，产生气泡。e. 用多段注射减少气泡：中速注射填充流道→慢速填满浇口→快速注射→低压慢速将模注满，使模内气体能在各段及时排除干净。f. 螺杆预塑时，背压太低、转速太高，使螺杆退回太快，空气容易随料一起推向料筒前端。

⑤ 注塑机原因　喷嘴孔太小；物料在喷嘴处流延或拉丝；料筒或喷嘴有障碍物或毛刺；高速料流经过时产生摩擦热使料分解。

（3）解决方案

① 产品设计对策　尽量设计壁厚均匀的产品。

② 材料对策　a. 清理其他材料，使用纯原料。b. 减少或不使用回料。c. 减少助剂的使用。d. 按材料的标准时间进行烘烤。e. 更换材料或添加助剂改变耐热性能。

③ 模具对策　a. 调整浇口位置及流道大小，尽量降低模具温度差异性。b. 开足排气。c. 根据客户需求及产品外观要求，减少表面粗糙度。

④ 注塑工艺对策　a. 降低料温。b. 加大注射压力和延长保压时间。c. 根据产品结构，调整注射速度。d. 加大料量。e. 使用多段注射。f. 升高背压，降低螺杆转速。

⑤ 注塑机对策　使用大孔径的喷嘴或检查喷嘴口部是否有异物堵住。

6.21　飞边（披锋）

（1）缺陷定义

飞边：塑料产品在分型面出现多余的塑料材料现象。多出现在模具的合模处、顶针处、滑块处等活动部件位置，如图 6-20 所示。

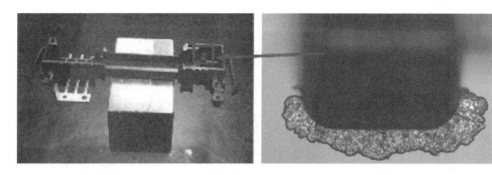

图 6-20　飞边

（2）原因分类

① 材料原因　a. 塑料流动性太好，如聚乙烯、聚丙烯，在熔融态下黏度很低，容易进入活动的或固定的缝隙形成披锋。b. 塑料原料粒度大小不均，使加料量不稳定，制件或不满，或飞边。

② 模具原因　a. 模具分型面精度差。活动模板变形翘曲；分型面上沾有异物或模框周边有凸出的撬印毛刺；旧模具因早先的飞边挤压而使型腔周边疲劳塌陷。b. 模具设计不合理。模具型腔的设计不对中，会令注射时模具单边发生张力，引起飞边。c. 模具本身平行度不佳，或装得不平行，或模板不平行，或拉杆受力分布不均、变形不均，这些都将造成合模不紧而产生飞边。d. 滑动型芯的配合精度不良，固定型芯与型腔安装位置偏移也会产生飞边。对多腔模具应注意各分流道和浇口的合理设计，否则将造成充模受力不均而产生飞边。e. 浇口数量太少。

③ 注塑工艺原因　a. 注射压力过高或注射速度过快。由于高压高速，对模具的张开力增大导致溢料。b. 加料量过大造成飞边。c. 料筒、喷嘴温度太高或模具温度太高都会使塑料黏度下降，流动性增大，在流畅进模的情况下造成飞边。d. 保压时间过长。

④ 注塑机原因　a. 注塑机的锁模力不足。b. 合模装置调节不佳，肘杆机构没有伸直，产生由于左右或上下合模不均衡而导致模具平行度不能达到的现象，造成模具单侧一边被合紧而另一边不密贴的情况，注射时将出现飞边。c. 止逆环磨损严重，弹簧喷嘴的弹簧失效，料筒或螺杆的磨损过大，浇口冷却系统失效，材料造

成"架桥"现象，注料量不足，缓冲垫过小等都可能造成飞边反复出现。

（3）解决方案

① 材料对策　a. 更换材料或添加助剂降低流动性。b. 使用颗粒均匀的材料。

② 模具对策　a. 提高分型面加工精度和加厚模板。b. 调整产品排位。c. 提高模板加工精度。d. 提高型芯加工精度。e. 增加浇口数量或改变位置。

③ 注塑工艺对策　a. 降低压力和速度。b. 减少料量。c. 降低温度。d. 减少保压时间。

④ 注塑机对策　a. 更换大规格注塑机。b. 检测合模机构，必要时更换。c. 更换注塑配件。

6.22　缩水

（1）缺陷定义

缩水是指表面的原料由于体积收缩，成型固化后产品表面呈凹陷的现象，通常在部品螺柱（BOSS柱）、筋位或"肉厚部位"对应表面或是离进料位置最远处发生，见图6-21。

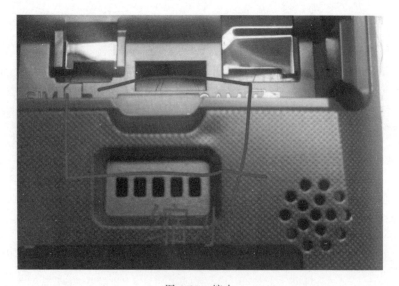

图 6-21　缩水

（2）原因分类

① 产品设计原因　产品设计壁厚不均匀，壁厚的变化大。

② 材料原因　原料的收缩率或冷却凝固时间是导致产品缩水凹陷的根本原因。比如PP材料，注塑工艺对改善缩水的空间就不大。

③ 模具原因　a. 浇口太小或流道小，流道效率低、阻力大，熔料过早冷却。

浇口也不能过大，否则失去了剪切速率，料的黏度高，同样不能使制品饱满。b. 浇口位置设计不合理。c. 模具的关键部位应有效地设置冷却水道，保证模具的冷却对消除或减少收缩起着很好的作用。d. 流道设计太长，无法保压到远端。

④ 注塑工艺原因　a. 注射压力、保压压力、保压时间不够。b. 注射速度过慢。c. 薄壁制件应提高模具温度，保证料流顺畅；厚壁制件应降低模温以加速表皮的固化定型。d. 冷却时间太短。e. 注射时间不够。

⑤ 注塑机原因　a. 供料不足。螺杆三小件或螺杆磨损严重，注射及保压时，熔料发生倒流，降低了充模压力和料量，造成熔料不足。b. 喷嘴孔太大或太小。太小则容易堵塞进料通道，太大则将使注射力小，填充发生困难。

（3）解决方案

① 产品设计对策　尽量设计均匀的壁厚，顺畅过渡。

② 材料对策　在材料中添加助剂减少收缩或更换材料。

③ 模具对策　a. 加大浇口或流道。b. 合理设计浇口位置。c. 合理设计冷却系统，保证温度均匀。d. 重新排位或使用热流道。

④ 注塑工艺对策　a. 合理设定压力和时间。b. 提高注射速度。c. 根据产品合理设定温度。d. 延长冷却时间。e. 延长注射时间。

⑤ 注塑机对策　a. 更换磨损的部件，增加熔料量。b. 根据产品结构，选择合适的喷嘴孔。一般小产品，喷嘴孔就选小孔径的；大产品，喷嘴孔就选大孔径的。

6.23　熔接线

（1）缺陷定义

熔接线是指熔融塑料被物体挡住造成分流或二道以上流道合流处，未能完全融合而产生的细小线条，在结合处未能完全融合所形成的。成品正反都在同一部位上出现细线，见图6-22。

图 6-22　熔接线

(2) 原因分类

① 材料原因　塑料流动性差，熔体前锋经过较长时间后汇合产生明显熔接线。

② 模具原因　a. 流道过细，冷料槽尺寸太小；模具排气不良。b. 产品壁厚过小或厚薄差异过大。c. 浇口太小、位置不合理。d. 模具温度过低。

③ 注塑工艺原因　a. 注射时间过短。b. 注射压力和注射速度过低。c. 塑化的背压设定不足。d. 锁模力过大造成排气不良。e. 料筒、喷嘴温度设定过低。

(3) 解决方案

① 材料对策　a. 对流动性差或热敏性高的塑料适当添加润滑剂及稳定剂，改用流动性好的或耐热性高的塑料。b. 原料应干燥并尽量减少配方中的液体添加剂。

② 模具对策　a. 提高模具温度或有目的地提高熔接缝处的局部温度。b. 改变浇口位置、数目和尺寸，改变型腔壁厚以及流道系统设计等以改变熔接线的位置。c. 开设、扩张或疏通排气通道。

③ 注塑工艺对策　a. 提高注射压力、保压压力。b. 设定合理注射速度；高速可使熔料来不及降温就到达汇合处。c. 降低合模力，以利排气。d. 设定合理的料筒和喷嘴的温度；温度高塑料的黏度小，流态通畅，熔接线变浅；温度低，减少气态物质的分解。e. 提高螺杆转速，使塑料黏度下降；增加背压压力，使塑料密度提高。

(4) 经验分享

多数情况下，产品有多个浇口或者有碰穿孔才会有熔接线，产品没有以上结构时，一个浇口也会产生熔接线，主要出现在厚壁产品中。目前自动剪切水口技术可以应用到有碰穿孔的产品上来，使产品没有熔接线。可以根据客户品质要求，进行调整。

第 7 章
注塑机的辅助设备

注塑机辅助设备是为了保证产品品质、产品特性，提高生产效率，降低生产成本，保证注塑机、模具正常生产的配套设备。部分注塑机的辅助设备是必须与注塑机一起使用的，比如冷却加热设备。有些辅助设备只是为了改善产品的质量，提高生产效率，保证安全生产，比如机械手。

注射成型技术发展迅猛，新技术、新设备层出不穷。高度自动化、单机多功能化、辅助设备多样化、组合迅速且安装维修保养便利将成为趋势。多数注塑辅助设备都是在注塑生产过程中，发现了产品问题，根据这些问题的解决方案，开发出适应产品及市场的新设备。模具冷却设备属于传统设备，由于模具冷却过程中会产生水垢，造成模具冷却效果降低，因此开发出了模具水路管道的清洗设备，这种设备有利于提升模具水路的通畅性，加快冷却效果，缩短冷却时间，提高生产效率。

随着客户产品的多样化，注塑技术也在不断创新，为了满足新技术的配套，也会相应开发出新的注塑机辅助设备来适应行业的需求。

7.1 烘料机

(1) 概述

烘料机用于对颗粒状的塑料原料进行干燥，属于注射成型辅助设备。通过干燥风机将恒定的高温风吹进干燥料桶内，将桶内塑料原料中的水分带走，从而去除原料中的水分。

烘料机通过高温热风处理各种潮湿的原料，使原料充分干燥，确保产品质量。装料容量在 12～800kg 可供选择。根据工作环境和产品质量要求，可加装排风过滤，过滤粉尘气体避免空气污染，确保工作环境整洁。加装热风回收，使热风形成半封闭循环回路，加速热风循环速度，能降低损耗，省电30%。图7-1所示为烘料设备。

图 7-1 烘料机

烘料机中原料接触面为全不锈钢设计，确保原料不被污染。使用精密压铸的铝质外壳，表面光滑，保温性能好。隔尘静音风机可隔绝尘埃，确保原料不受污染。桶体机座设计有视料窗，可直接观察内部工作情况。上吹式干燥机发热管采用弯型设计，避免因原料落入管内而引起发热管损坏。采用均匀分散热风的高性能热风扩散装置，保持塑料干燥温度均匀，增加干燥效率。桶身与料斗采用分离式设计，方便清料。具有超温过载等安全保护装置。各机种可选配定时装置。配备入料口盖，方便吸料机的安装。

（2）工作原理

干燥机吸入的风经过电热器加热后变成高温干燥风，通过特有的护屏器和孔屏器，热风均匀分散在干燥桶内干燥原料。

对于这种类型的干燥设备，一般干燥的温度低于100℃。需要高温干燥的材料，使用此类设备是无法去除材料中所有的水分的，在注射成型中，可能会造成塑料产品外观或功能方面的问题，所以就开发了除湿干燥机。

7.2 除湿干燥机

（1）概述

除湿干燥机也是烘料设备中的一种，这种设备在结构上与普通的烘料机相比会复杂很多。原料预先干燥对产品质量提升有显著效果,尤其对工程塑料,可以增加表面光泽,提高强度,避免内部裂纹、气泡,提高塑化能力。

图 7-2 所示除湿干燥机为节能型三机一体的设计系统,更为简化,不仅减少系统的耗电量,功效高,超节能省电,且体积小,不占空间,特别适用于无尘车间。不需接冷却水,故移动方便。

图 7-2 除湿干燥机

除湿干燥机的主要特点是提供均匀的烘干效果。高温密封门保持温度恒定并降低电力的损耗。不锈钢烤盘,可防止烘干过程中污染原料。高效率的回圈热风回收再利用设计,省电、耐用。入风口、排风口均采用可调式设计,可方便调节风量。可调式超温保护器,避免超温干燥。具有超温过载等安全保护装置。电动机过载保护及故障指示,方便维护保养。活动式台车设计,方便移动。配有 24h 定时装置,操作方便。

(2) 原理

常温状态下的空气进入除湿干燥机内加热后成为除尘的热空气,流到塑料材料中进行加热。塑料筒内排出的气体经过回流再次加热、除湿、除尘,继续对塑料材料进行加热。

(3) 应用

除湿干燥机主要运用于高附加值的产品和需要温度超过 100℃ 的塑料材料,比如 PA、LCP 等。当然，普通材料也可以用除湿干燥机进行烘料，效率会更高。

7.3 混料机

在注塑生产中，混料装置用于将配制好的各种组分的物料混合成为着色均匀的混合物。它可以是对两种不同的固体物料进行简单的混合，也可以是对料粒与液态物料进行复杂混合。

混合作用一般是靠扩散、对流、剪切三种作用来完成。扩散作用依靠各组分的浓度差来达到成分的均一。气体与气体、液体与液体、液体与固体的混合，扩散作用比较显著，但是固体与固体之间扩散作用较小。对流作用是使两种或多种物料发生相互流动而达到成分的均一，必须借助外力的作用。剪切作用是利用剪切力促使物料各成分均一。剪切的混合效果与剪切速度和剪切力的方向是否连续改变有关。

混料机由一个旋转的容器和旋转的搅拌叶片等组成，塑料材料搅拌时，容器转动，叶片向相反的方向转动，由于逆流的作用，塑料材料各颗粒间运动方向交叉，互相接触的机会增多，逆流混料机对料的挤压力小，发热量低，搅拌效率高，混料较为均匀。图 7-3 和图 7-4 分别是卧式混料机和立式混料机。

图 7-3　卧式混料机

图 7-4　立式混料机

混料机启动前，应仔细检查所接的电源与机器的要求是否一致。各零部件均安装齐全，电路连接均无差错。机器一经使用后，若短时间不用，应仔细地擦净锅内壁及搅拌桨等处。长期不用时，应涂上防锈油。各润滑点的要求：混合机主轴，二号钠基润滑脂润滑，每日加油一次。每半年应全机检修一次，更换各处密封件，检查电器线路和元件情况。

7.4 模具温度控制机

(1) 概述

模具温度控制机简称模温机，按照控温温度分类，模温机可分为普通模温机、高温模温机和超高温模温机。按照导热介质分类，模温机分为水温机、油温机和高光蒸汽模具温度控制机，如图7-5所示。

在行业中最常见的是水温机，其次是油温机，最后是高光蒸汽模具温度控制机。

水温机目前有120℃水温机（普通）、150℃水温机（高温）和180℃水温机（超高温）。常压下水的沸点不超过100℃，但通过加大系统压力，提高水的沸点，可以将水温机的控温温度提高到180℃。水温机最大的特点就是传热快，导热介质为水，清洁、方便取用。注塑行业大部分采用温控范围为120℃的水温机。

油温机目前有200℃油温机（普通）、300℃油温机（高温）和350℃油温机（超高温）。油温机最大的特点是热稳定性好，可控温范围广。油温机在不同行业叫法也不同，比如在PVC片材辊轮控温中称为油加热器，在挤出机设备中称为温控装置，在橡胶密炼机设备中称为温度控制系统或温控机。这些设备基本都是先快速升温，然后进行保温，另外也有先进行冷却，再进行保温的设备。

高光蒸汽模具温度控制机是针对特殊产品的。对于模具有一定的要求：模具内表面要求有非常高的光泽度，以确保产品的表面质量。在使用过程中要尤其注重模具的保养，确保干燥、无尘。模具必须采用隔热处理，尽量避免型芯温度散失。模具内部镶件，尽量采用原身。型芯定位尽量采用中心定位，避空，减少热量传递。

不管是哪种模温机，它们的目的都是进行控温，从而让熔融塑料以一个稳定的黏度进入模具，在模具中均匀成型。在注塑工艺中，温度是一个非常重要的影响因素，不管是成型温度还是模具温度，都对注塑件起着至关重要的作用。过高的模具温度会使得产品容易出现毛刺、变色、脱模困难等问题；过低的模具温度会使产品的表面缺陷增多，或者不容易打满。一方面，不均匀的模具温度会极大地影响产品的尺寸稳定性，从而导致不良品率提高，最终降低了生产效率。另一方面，模具也会因受到过冷过热的冲击而导致钢材产生热裂，加速其老化，增加生产成本。

(2) 原理

模温机由加热系统、冷却系统、动力传输系统、水压控制系统以及温度传感器等器件组成。通常情况下，动力传输系统中的泵，使热流体从装有内置加热器和冷却器的系统中到达模具，再从模具回到加热系统；温度传感器测量热流体的温度并

(a) 水温机

(b) 油温机

(c) 高光蒸汽模具温度控制机

图 7-5　模温机

把数据传送给控制器；控制器调节热流体的温度，从而间接调节模具的温度。

（3）作用

用来加热模具并保持它的工作温度，保证注塑件品质稳定和优化加工时间。

（4）应用的注意事项

① 模具内部，由熔融塑料带来的热量通过热辐射传递给模具钢材，通过对流，传递给导热流体。另外，热量通过热辐射被传递到大气和模架。被导热流体吸收的热量由模温机带走。模具的热平衡可以被描述为：$P=P_m-P_s$。式中，P 为模温机带走的热量；P_m 为塑料引入的热量；P_s 为模具散发到大气的热量。

② 控制模具温度的主要目的一是将模具加热到工作温度，二是保持模具温度恒定在工作温度。做到以上两点，就可以把循环时间最优化，进而保证注塑件的质量。模具温度会影响表面质量、流动性、收缩率、注塑周期以及变形等。模具温度过高或不足对不同的材料会带来不同的影响。对热塑性塑料而言，模具温度高一点通常会改善表面质量和流动性，但会延长冷却时间和注塑周期。模具温度低一点会降低注塑件在模具内的收缩，但会增加脱模后注塑件的收缩率。对热固性塑料来说，高一点的模具温度通常会减少循环时间，且时间由零件冷却所需时间决定。此外，在塑料的加工中，高一点的模具温度还会减少塑化时间和循环次数。

③ 温度控制系统由模具、模温机、导热流体三部分组成。为了确保热量能传递给模具或移走，系统各部分必须满足以下条件：首先是在模具内部，冷却通道的表面积必须足够大，流道直径要匹配泵的能力（泵的压力）。型腔中的温度分布对零件变形和内在压力有很大的影响。合理设置冷却通道可以降低内在压力，从而提高注塑件的质量，还可以缩短循环时间，降低产品成本。其次，模温机必须能够使导热流体的温度差恒定在 1～3℃ 的范围内，具体根据注塑件质量要求来定。最后，导热流体必须具有良好的热传导能力，能在短时间内导入或导出大量的热量。

（5）模温机操作的注意事项

①水温机、油温机严禁混用。②油温机内严禁加入其他液压油，必须使用热媒油。③油温机使用特氟龙管，不可以用其他类型水管。④接驳油温机前，必须把模具及配管内的水吹干净。⑤补充热油时，必须确认液位在油位计上、下限范围内，过低会报警，过高则无法启动，且热媒油会流出，造成危险及浪费。⑥工作完毕后，保持地面、机器的清洁整齐。⑦常规检查、故障排除：a.经常巡查机台，检查模温机有无漏油、水并改善。b."OVER HEAT"报警，表示电热超高，超过安全界限，须降低温度。c."MEDIUM SHORTAGE"报警，表示模温机缺油（水），须即时补充。d."OVER LOAD"报警，表示油泵过载，须检查清理油泵。e."MOTOR REVERSE"报警，表示电动机反转，检查线路，重新接线。f.在检查油缸内的油时，不能用明火照明而要用手电筒。

7.5 机械手

（1）概述

随着网络的发展，机械手（图7-6）的联网操作也是今后发展的方向。工业机械手是近几十年发展起来的一种高科技自动化生产设备，是工业机器人的一个重要分支。它的特点是可通过编程来完成各种预期的作业任务，在构造和性能上兼有人和机器各自的优点。由于机械手作业的准确性和各种环境中完成作业的能力，在国民经济各领域有着广阔的发展前景。

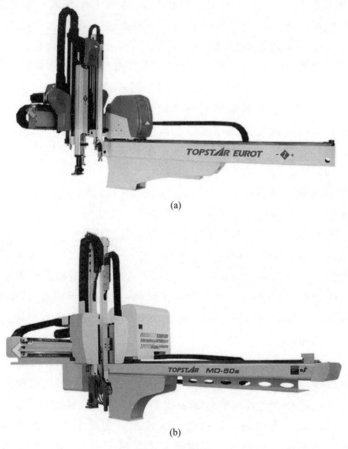

图 7-6　机械手

现代化的注塑机一般都配置机械手，以提高生产的自动化程度，机械手可以完成注塑生产的多个工序，但是最常用的机械手是将注射成型后的产品从模具中快速取出并传送到下一个生产工序或生产线上。

机械手是模仿人体上肢的部分功能，可以对其进行自动控制使其按照预定要求输送产品或操持工具进行生产操作的自动化生产设备。注塑机械手是为注塑生产自动化专门配备的机械设备，它可以在减轻繁重的体力劳动、改善劳动条件和安全生产，提高注射成型机的生产效率、稳定产品质量、降低废品率、降低生产成本、增强企业的竞争力等方面起到极其重要的作用。

（2）原理

机械手主要是替代人完成简单、重复的直线操作。机械手主要通过控制面板记忆机械臂前、后、左、右、上、下的直线运动距离和先后运动的顺序。

（3）应用

机械手可用于注塑行业、挤出行业、医疗行业（医用塑料甚至金属产品）、食品行业（各种快餐盒）、光学行业（塑料光学制品）、电子行业（电子产品的塑料外壳）、汽车行业（汽车保险杠）等。产品成型前段的镶件埋入及成型完成后的取放、摆盘、装箱。适用于各类型卧式射出成型机，应用于外观及精度要求较高的成品及浇口取出，或模内镶嵌、模内剪切、模内贴标、码垛等复杂应用。

（4）日常维护注意事项

①油压缓冲：要按期更换。②用久了的气缸端盖密封件、气管、接头要及时更换。③按期维护电线接头、插头、插座等。

7.6 集中供料系统

（1）概述

集中供料系统采用微机集中自动控制，实现了 24 小时连续供料作业。多台小型微机分别控制各台成型机的着色工艺，计量准确、混合均匀，并可灵活改变颜色，适应对产品的多颜色多品种要求。根据不同成型机的生产量，灵活变更供料量。多个供料管道设计，可保证对主料多样化的要求。系统具有多种监控及保护功能，工作安全可靠。集中供料系统的别名有：中央供料系统、自动送料系统等。

集中供料系统的组成：中央控制台、旋风集尘器、高效能过滤器、风机、分支站、干燥料斗、除湿机、选料架、微动料斗、电眼料斗、截风阀、截料阀。图 7-7 为集中供料系统运用案例。

① 高效　集中供料系统可实现将多种原料自动供给多室任意的注塑加工设备使用，其中可包括原料的干燥处理、配色处理，以及按比例的粉碎回收料利用，能够实行高度的自动化控制、监测等，并能满足 24 小时不停机的生产需要。

② 节能　首先，供料系统操作简易，只需要少数的几个人即可以控制整个注塑工厂的供料需求，从而减少了大量的劳动力成本。其次，减少了在注塑机旁边的原料带及相应的辅助设备、提高了空间的利用率。此外，由于采用了集中供料的方式，相对应地减少了很多单机设备，节省了电能及减少维护费用。

③ 个性化　集中供料系统可以根据不同的用户、不同的车间特点、不同的原

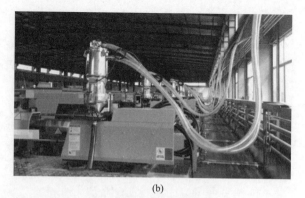

图 7-7　集中供料系统

料使用要求，按实际的需要来设计出最优化的方案。

集中供料系统可使原料及粉尘对注塑生产的污染减至最低的程度，从而可以使生产车间保持洁净，而且集中供料系统独特的集中粉尘回收系统清理更便捷，环保效果更是达到 10 万级无尘室作业要求标准，并降低了噪声，最终可实现无人自动化生产车间。

（2）原理

集中供料系统采用真空传送方式，通过集中的管路系统将塑料原料从储料罐输送到集中除湿干燥系统，然后将干燥后的原料输送到每台注塑机中。集中供料系统采用"一台机器一根管"的设计方式，保证整个系统的空气对原料进行输送，防止除湿干燥后的原料回潮。同时保证输送运行稳定，绝无堵料的现象发生。它配合集中除湿干燥系统使用，除湿干燥后会对输送管线进行清理，确保管路内没有残余的粒料，在避免原料回潮的同时，也保证了加入注塑机中的原料性能的一致。在真空负压作用下，原料中原有的粉尘会通过粉尘过滤系统被过滤出来，有助于提高成型产品的质量。

(3) 应用

塑料加工行业、挤出成型行业等。

7.7 塑料破碎机

(1) 概述

塑料破碎机又称塑料粉碎机，主要用于破碎各种不良的热塑性塑料和橡胶，如塑料异型材、管、棒、丝线、薄膜、废旧橡胶产品。粒料可直接供挤出机或注塑机使用，也可以通过挤出造粒再生使用。

破碎机一般由料斗、切断室、筛网室、底座与驱动系统、机体、刀体等结构组成，如图 7-8 所示。

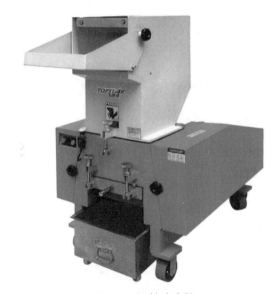

图 7-8 塑料破碎机

(2) 原理

塑料破碎机通过电动机带动动刀刀盘高速旋转，在动刀高速转动的过程中与定刀形成相对运动的趋势，利用动刀与定刀之间形成的间隙造成塑料粉碎剪切的切口，从而将大块塑料破碎，破碎后的塑料通过筛网对塑料颗粒大小进行过滤输出。

(3) 应用

可用于箱类、薄管件、吹塑件、瓶、壳等所有废旧塑料制品的再次粉碎回收或作为注塑机的辅助机器对注塑机回料或次品件进行重新粉碎利用。

(4) 维护保养

①应把塑料破碎机安置在通风位置，保证电机工作热量散发，延长使用寿命。

②应定期对轴承加注润滑油，保证轴承间的润滑性。③定期检查刀具螺栓，全新塑料破碎机使用1h后，用工具紧固动刀、定刀的螺栓，加强刀片与刀架间的固定。④应常检查刀具，保证其锋利度，减少由于刀锋钝缺而引起的不必要损坏。⑤更换刀具时，动刀与定刀之间的间隙：20HP以上破碎机0.8mm为佳，20HP以下的破碎机0.5mm为佳。若回收料较薄，间隙可适当调大。⑥第二次启动前，应先清除机室剩余的碎料，减少启动阻力。应定期打开惯性罩和皮带轮罩，清除法兰盘下方出灰口，避免因塑料破碎机室排出粉料进入转轴轴承。⑦机器应保持良好接地。⑧定期检查塑料破碎机皮带是否松弛。

7.8 模具水路清洗机

随着模具成型生产的持续和日积月累，模具水路经长时间冷热高频变化使用后，其内部产生大量铁锈及水垢等污垢附着在管道内壁，引起管路变细、导热不良等问题。严重时更是堵塞管路，使冷却周期加长，模具表面温度不均匀，造成产品收缩率大、变形等缺陷，导致生产效率降低。如图7-9所示：1为模具使用0~5个月，2为模具使用5~24个月，3为模具使用24~60个月。图7-10所示为模具冷却水管清洗前后对比。

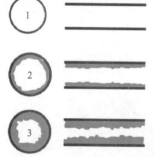

图7-9 模具使用后产生的水垢

模具水路清洗机基于气蚀脉冲原理，属于纯物理清洗方式，通过气蚀爆破，对模具水路内壁附着的铁锈、水垢以及杂质等剥离清洗出来，解决模具水路流量变小、堵塞问题。

清洗前

清洗后

清洗出来的铁锈、水垢等杂质

图7-10 模具冷却水管清洗前后对比

模具水路清洗机具有自动转换往返双方向气蚀脉冲剥离清洗、设定清洗时间、自动排水等人性化功能。严重堵塞时可用清洗剂（专用清洗剂）清洗，清洗剂为食品级固态粉末状，对模具水路没腐蚀等不良影响，不污染环境，如图7-11所示。

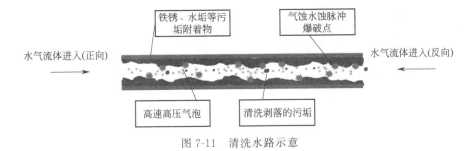

图7-11 清洗水路示意

第8章 模具故障分析与防范措施

8.1 顶针烧（断）

顶针烧伤或断裂：塑料产品在顶出时，造成顶针侧边有烧伤、擦伤或中间断裂。这种缺陷可能造成模具表面碰伤或无法生产。分析及措施见表8-1。

表8-1 顶针烧（断）的分析及措施

序号	原因分析	防范措施
1	顶针力度和强度不够	更换高强度的顶针
2	顶针与各模具配件配合不光滑	更换加工工艺或增加抛光，保证粗糙度
3	动模板与顶针板之间错位、扭断	增加精定位，防止移位，顶针板的顶针孔加工避空
4	顶针数量少	增加顶针数量
5	模板未倒角	对与顶针相关的模板顶针孔倒角处理
6	顶针孔内有异物	及时清理异物
7	模板温度高，摩擦热太大	与顶针配合的模具零件的材料做适当的热处理，并保证二者的硬度差，防止烧伤。模板增加冷却，添加润滑油
8	顶针直径太小	加大顶针直径，或采用有托位的顶针
9	顶针本身就弯曲	装配时注意检查，及时更换

8.2 斜顶烧（断）

斜顶烧伤或断裂：注射成型时，塑料产品在顶出时，造成斜顶侧边有烧伤或断裂。这种缺陷可能造成模具碰伤或无法生产。分析及措施见表8-2。

表 8-2　斜顶烧（断）的分析及措施

序号	原因分析	防范措施
1	顶出力度和强度不够	设计加粗斜顶或使用高硬度材料
2	斜顶与各模具零件配合不光滑	与斜顶配合的模具零件的材料热处理,防止拉烧。更换工艺或增加抛光,保证粗糙度。开油槽,添加润滑油润滑
3	动模板与顶针板之间错位、扭断	增加精定位,防止移位
4	斜顶与斜顶座卡死	修顺配合位置,并保证有适当的避空间隙
5	斜顶角度不合理	设计时调整斜顶角度
6	斜顶孔内有异物	及时清理异物
7	接触面积大,摩擦热太大	减少接触面积,添加润滑油
8	顶出速度和压力太大	调整顶出速度和压力,保证顺畅

8.3　滑块烧伤

滑块烧伤：注射成型时,模具滑块在不断的运动过程中产生热量,会把滑块烧伤或卡死。严重时,会把斜导柱和模具压伤或压崩,造成模具无法生产。分析及措施见表 8-3。

表 8-3　滑块烧伤分析措施

序号	原因分析	防范措施
1	滑块与导滑条配合紧	改善配合间隙
2	滑块和压块使用了相同的模具材料	使用两种不同的模具材料
3	滑块与压块的硬度差异小	改变模具材料的硬度
4	滑块底部未开油槽,产生摩擦热	增加油槽
5	滑块强度不够,无法承受注塑机的锁模力,造成变形	更改模具设计结构,加强滑块的强度设计
6	滑块温度太高,无法散热	滑块中增加设计冷却系统
7	滑块与导向部分配合太松,已偏向一边	减小配合间隙
8	滑块加工不合格,导致尺寸超差,滑动阻力大	更换滑块,提高加工精度
9	滑块内有异物或油污	清除异物,定期保养
10	斜导柱与压滑块局部受力	重新配模,保证受力均匀
11	斜导柱与滑块斜面角度有差异	重新配模,保证角度一致

8.4　导柱/导套磨损（断）

导柱/导套磨损（断）：注射成型时,导柱、导套在不断的运动过程中,磨损或者折断。分析及措施见表 8-4。

表 8-4　导柱/导套磨损（断）的分析及措施

序号	原因分析	防范措施
1	导柱、导套规格选择太小	更换大规格的导柱、导套
2	导柱、导套未进行定期的保养	制定保养计划，定期保养
3	模具在注塑机模板上有移位，导柱与导套孔无法对应上	锁紧模具，防止滑动
4	开合模速度太快	降低开合模速度，并在导套一侧开设排气孔
5	导套内有异物，造成受力太大	清洁导套内的异物
6	前后模板分开装上注塑机，定位不准确	制定模具安装规范
7	导柱受外力撞击，已弯曲	更换导柱
8	导柱、导套装在模板上有松动，定位不准确	重新加工，保证精度，更换大规格的导柱、导套
9	模板已变形，导柱、导套位置有变化	更换模板

8.5　成型镶针断

成型镶针断：注射成型时，成型镶针会受到注射成型的压力而折断。这种情况是较难发现的，一旦出现这种情况，产品是重大缺陷，不能再进行注塑生产。分析及措施见表 8-5。

表 8-5　成型镶针断的分析及措施

序号	原因分析	防范措施
1	注射压力过大，冲弯镶针	降低注射压力
2	镶针太靠近浇口位置，承受冲击力较大	调整浇口位置
3	镶针太小，无法承受注射压力	加大镶针，换更好的材料，加强镶针强度
4	镶针有尖角造成应力集中	尖角位置倒圆角
5	镶针温度不均或过高，使其强度下降	增设冷却系统，保持恒温
6	产品设计不当，导致模具镶针太长	更改产品结构
7	顶出不平衡，使镶针受到了扭力	在镶针周边增加顶针
8	镶针材料太软或太脆	更换镶针材料或进行涂层处理
9	镶针上有倒扣，顶出受力不均匀	更换镶针或重新加工
10	模具锁模力太大，压弯镶针	调整镶针的配合并降低锁模力

8.6　筋/骨位断

筋/骨位断：塑料产品的薄筋位或骨位，在产品顶出时粘在模具型腔内，无法顶出，造成塑料产品缺陷。在确实没有办法解决的情况下，可以先喷脱模剂制作样品。分析及措施见表 8-6。

表 8-6　筋/骨位断的分析及措施

序号	原因分析	防范措施
1	注射压力过大	降低注射或保压压力
2	筋位面太粗糙	加强模具筋位的抛光
3	筋位抛光太好,脱模时形成真空	适当降低抛光程度或增加适当的进气设计
4	筋位处有尖角,应力集中,强度降低	适当倒角,加强强度
5	筋位脱模斜度不够	加大脱模斜度
6	设计筋位太薄,无法承受脱模力	加厚筋位,增加强度
7	模具加工出倒扣	返修或更换镶件
8	模具有压塌,形成倒扣	返修并抛顺筋位
9	注塑材料分解、变脆或使用回料	更换材料
10	材料的注射量过多	减少注射量

8.7　主流道粘模

主流道粘模：主流道无法按模具设计的状况顺利脱出，有粘断或崩缺现象，这种情况造成无法完成下一模的注塑。分析及措施见表 8-7。

表 8-7　主流道粘模的分析及措施

序号	原因分析	防范措施
1	主流道设计与喷嘴大小不配对	更换浇口套或喷嘴
2	主流道脱模斜度不够	增大脱模斜度
3	主流道抛光不够	加强抛光
4	主流道太细,易拉断	加粗主流道尺寸规格
5	主流道内有碰缺,产生倒扣	修理或更换浇口套
6	冷却周期太短,易拉断	延长冷却时间,增加强度
7	注射压力过大,粘流道	降低注射压力
8	浇口套头部与喷嘴接合处有碰缺	返修或更换浇口套
9	注塑材料脆化或分解	更换新材料
10	浇口套内有腐蚀,产生了倒扣	更换浇口套

8.8　模温不良

模温不良：模具温度无法达到设计的标准，产生较大的差异，造成产品品质不稳定，生产效率低下。分析及措施见表8-8。

表8-8 模温不良的分析及措施

序号	原因分析	防范措施
1	冷却水路设计太长,造成冷却不均匀	水路采用多组回路设计和连接
2	冷却水管太小,冷却不足	增大冷却水管
3	冷却水管太大,水压降低,流动慢	减小冷却水管直径,加大水压
4	冷却水路设计不合理	更新设计,增加或调整位置
5	冷却水路堵塞	重新加工
6	外接冷却水压不足,水不流动	更换冷却设备,增大水压
7	水路未按设计图纸加工	重新按图加工
8	模温机故障	返修或更换模温机
9	水管接头孔有堵塞	更换水管接头
10	水路使用时间长,产生了水垢	用设备清除水垢

8.9　模具分型面压伤

模具分型面压伤：动模与定模之间的分型面存在碰缺、压塌，造成模具无法使用，从而影响生产。分析及措施见表8-9。

表8-9 模具分型面压伤的分析及措施

序号	原因分析	防范措施
1	人员操作不当,违规合模	加强人员培训,按流程操作
2	模具内有产品未取出	安装监控器,加强人员培训
3	产品粘模时,取出产品碰缺	规范操作,使用正确的工具
4	分模面有料粉或飞边块,压塌分型面	定期清理、保养
5	模具表面腐蚀	模具表面做涂层或更换材料
6	模具内需要金属镶件注射成型,金属镶件尺寸不稳定	提高金属镶件尺寸精度,修正模具

8.10　镜面模具"花"

镜面模具"花"：高光模具的镶件表面有划痕、刮花、磨损或腐蚀，影响产品透明效果和产品品质。分析及措施见表8-10。

表 8-10 镜面模具"花"的分析及措施

序号	原因分析	防范措施
1	抛光不够	重新抛光
2	镜面部分有人为划痕	加强人员培训,规范操作
3	模具材料硬度不够	提高模具材料的硬度
4	模具材料选择不当	更换抛光性能好的模具材料
5	塑料材料使得模具表面腐蚀	模具表面做涂层或更换材料
6	注塑生产时间久,镜面表面磨损	重新抛光或做涂层处理
7	抛光工艺不当,技术人员能力不足	指定专人按操作规范进行抛光

8.11 产品侧边拉伤(拖花)

产品侧边拉伤(拖花):产品在顶出的时候,脱模方向的侧边存在明显的拉痕或刮痕。大部分的产品都不可接受这一缺陷,需要改善。分析及措施见表 8-11。

表 8-11 产品侧边拉伤(拖花)的分析及措施

序号	原因分析	防范措施
1	分型面局部有压塌	修顺分型面
2	模具加工过程中有倒扣	修正加工错误的部分
3	注射压力大,产品太饱和	降低注射压力
4	前后模具错位,形成了扭曲力而拉伤	锁紧前后模具,模具增加精定位
5	模具表面蚀纹出现倒扣	重新蚀纹
6	模具侧边太粗糙	抛光模具侧面
7	机械加工过程后,侧边产生了毛刺	使用纤维油石,省顺
8	产品顶出不平衡	增加顶针,保证平衡顶出
9	拉伤部位,产品存在尖角	适当倒小圆角

8.12 模具生锈

模具生锈:模具表面出现斑点的锈迹或块状的锈斑,影响产品外观,对于有要求的重要外观面,是不能生产的。分析及措施见表 8-12。

表 8-12　模具生锈的分析及措施

序号	原因分析	防范措施
1	模具钢材是不防锈的	更换钢材或表面做涂层处理
2	模具钢材材质不纯	更换供应商购买
3	模具受潮	加强保养,存放在干燥的地方
4	模具未喷防锈剂	按规范保养
5	模具生产过程中表面漏水	重新连接密封水管
6	注塑产生的气体腐蚀模具表面	定期保养、清洁模具表面

8.13　模具产生飞边（披锋）

模具产生飞边（披锋）：模具的分型面和运动零件部分，由于配合或磨损造成间隙大，产生飞边。紧急生产的情况下，可人为加工飞边。时间充裕的话，需要修理模具。分析及措施见表 8-13。

表 8-13　模具产生飞边的分析及措施

序号	原因分析	防范措施
1	模具分型面磨损严重	将分型面重新加工或更换零件
2	模具加工精度不足,间隙大	返修或更换模具配件
3	分型面有异物,无法合模	及时清理
4	部分模具配件强度不够,易变形	调整设计方案,更换模具配件
5	注射压力大或注射速度快	降低注射压力或注射速度
6	材料温度高,流动性太好	降低材料温度
7	注塑机的锁模力不够	增大锁模力或更换注塑机
8	注塑机的模板不平行	修理注塑机模板
9	模板变形	重新修理或更换模板

8.14　模具水路不通

模具水路不通：模具水路在注塑生产过程中，不断有冷却水流过，造成模具的冷却水路产生氧化、生锈、流通不畅，从而影响模具温度的稳定性。分析及措施见表 8-14。

表 8-14　模具水路不通的分析及措施

序号	原因分析	防范措施
1	冷却水中杂质太多,堵塞水管	经过处理后,再流入模具中
2	模具钢材生锈,腐蚀水管通道	使用不锈钢或定期清除水垢
3	水路中有异物堵住	需要及时清理
4	模具未按图纸加工到位,未接通	返修加工
5	水管设计太小,流动距离又长	重新加工水管大小和流动长度
6	水压不够,无法流动	增大水压
7	外接水管有折弯或异物压住	放在指定位置,捆扎好
8	水管连接错误	标识进出水道,按图作业

8.15　排气槽异常

排气槽异常：模具设计排气槽大小与生产中的大小存在差异,产品生产不稳定,品质异常,容易造成产品填充不足或烧焦等不良。分析及措施见表 8-15。

表 8-15　排气槽异常的分析及措施

序号	原因分析	防范措施
1	注塑生产时,排气槽部位存在异物	及时清理和定期保养
2	模具排气槽未按图纸加工到数	重新加工
3	塑料材料把排气槽腐蚀掉了	重新降面或烧焊修理
4	排气槽部位有料粉或气垢	定期清理,做好保养
5	模具改模后,排气槽位置被占用了	移位排气槽或烧焊重新加工
6	排气镶件松动或下沉	重新修配排气镶件
7	排气槽未引出模具表面,气体无法排出	把后面的气槽引导到模具的外表面

8.16　模具无法开模

模具无法开模：在注射成型生产过程中,由于某种原因,前后模具无法分开,造成模具无法生产。分析及措施见表 8-16。

表 8-16　模具无法开模的分析及措施

序号	原因分析	防范措施
1	长型芯模具形成真空,不能开模	深腔模具做进气装置,防止负压
2	模具强度不够,已变形,卡死	模具设计时考虑模具的强度
3	模具小,注塑机吨位大,模具压变形	选择合适的注塑机
4	前后模已经错位,卡死	规范装配,锁紧模具
5	导柱、导套内有异物,卡死	定期清理,做好保养
6	滑块或斜顶有烧死	重新修配并增加润滑油
7	注塑机异常,无力打开模具	修理注塑机设备

8.17 模具错位

模具错位：模具在注射成型生产过程中，前后模具由于某种原因，造成模具与设计存在较大的偏差。分析及措施见表8-17。

表 8-17 模具错位的分析及措施

序号	原因分析	防范措施
1	导柱、导套已经磨损	更换导柱、导套或增加定位机构
2	模具无精定位机构	增加精定位
3	内模加工误差或错误	返修或重新加工
4	内模装配时有偏位或松动	返修或锁紧模具配件
5	内模、长芯模具配件受力后偏位	加强长芯模具配件的固定
6	前后模锁在注塑机上有移位	增加压码，锁紧前后模
7	前后模单独固定在注塑机上，造成偏位	上、下模具尽量是整套模具

8.18 模具裂纹

模具裂纹：模具镶件或模具型腔产生细小的裂痕或明显的断裂，从而影响模具的寿命和注塑生产计划。分析及措施见表8-18。

表 8-18 模具裂纹的分析及措施

序号	原因分析	防范措施
1	模具生产到寿命周期	重新做模具或更换配件
2	模具镶件有尖角，产生了应力集中	调整结构，增加倒角
3	模具镶件配合太紧，挤裂	重新配模
4	模具镶件单边受力，压裂	调整模具配合，均匀受力
5	模具镶件强度不足，直接压裂	调整模具结构及更换材料
6	模具镶件受外力，碰裂	规范操作，制定保养措施
7	模具淬火硬度太高，内应力导致开裂	适当调整热处理硬度及工艺
8	模具镶件太靠近冷却水路	确认与水路的距离，保证强度

第 9 章
注塑机维护及保养和模具的保养

9.1 注塑机维护及保养

注塑生产一般都是 24 小时作业（轮班制），除订单减少或公休日外，一般不会停机。对于长时间处于工作状态的机器，我们必须做好保养工作，努力在机器出现故障之前发现问题、解决问题。否则一旦机器出现故障就必须停产、维修，严重影响生产，延误交货期。因此，做好注塑机的保养工作就显得尤为重要。

要做好注塑机的保养工作就必须把保养的内容按可能出现故障的频率进行分类：将频率最高的内容列入日保养，将频率稍低些的列入每周保养，依此类推再将每月保养和每年保养的工作内容进行分类。

保养的内容确定后，安排专人负责，确定的保养工作要按照计划有效执行。每次保养工作完成时，必须做好必要的记录工作，作为在今后的工作中对机器评估的依据。

9.1.1 油压系统的保养

在成型过程中，注射压力是决定产品质量好坏的一大要素，所以油压系统稳定性非常重要。要保持油压系统稳定性就必须依赖平时保养维护，注塑机的油压系统一般是由泵、液压马达、方向电磁阀、速度比例阀、压力控制阀组及几组油压缸组合而成。油压零部件质量，合理的油路设计，有条理的配管以及控制适当的油温及好的油质，是油压系统维持稳定平顺的基本条件。

预防性保养内容如下：①避免在料温未达设定范围下熔料，以免泵及液压马达间接受损，多数设备有冷启动这一过程。②应避免超出最大限定压力运行，一般工作压力最高是 $140\sim175kg/cm^2$。③定期清洗油冷却器，至少三个月一次。④压力油定期过滤或更换，并清洗入口油网、油箱内部。⑤时常注意各管路接头、油压零件是否漏油并定期检查固定螺栓是否松脱。⑥避免将重物堆放在油压零件上。⑦除非有专业人员指导，勿随便拆卸油压系统上任何部位，或随意更换油压零件规格。⑧确保油箱内部整洁，勿随意开启油箱注油口。⑨随时查看循环油的温度值，当温度过高时表示循环油过热，宜停机检查。

注塑机的油压系统所追求的是稳定性，要达此需求得具备高质量的油压组件、安定性佳的油质。油压组件的好坏通常以其动作中温度的变化、对其内部阀体与芯间产生的热量及移动间距的稳定来判断，这些与零件的加工精度及处理程序有很大的关联，通常使用者无法去预防，只能在事前选择合适的品牌。而油品的安定性则依赖日常的维护，可从下列几点加以保养：①添入新油时，须遵照用油说明，使用符合规格的油品，不得购买规格不明或重新提炼的油品。②定期检查油品（3～6个月），当油压零组件严重损坏，产生大量的微粒粉时，倘未能及时滤除，将使得其他部件加速损坏，以往经常发现更换了油泵之后，短期又造成磨损，即为此故。③避免空气中的尘埃进入油箱。④清理油箱及更换油品时，严防杂质进入管路，禁止在油箱内装油下拆除油网，更换新油时，应拆除冷却器下方之排油孔，排出管路中的废油。

控制微粒污染程度可采用过滤器，过滤器主要分为吸油管过滤器及回油管过滤器两种，吸油管过滤器的精密度不能太高，否则油泵之前的吸油管路可能会产生真空，导致油泵的损坏，吸油管过滤器的精密度通常是 $125\mu m$。如果要精密控制压力油的洁净程度可在压力油至回油口的一段加装回油管过滤器，可过滤精密度达 $25\mu m$，其安装位置是在所有动作执行器之后及油箱之前的一段位置，过油量通常是 $2.5 kg/min$。

9.1.2 电气部分的保养

电气是控制机器动作的"大脑"，机器上零件通常会因机器震动而造成松动，若未加以注意及处理，很容易造成电流过大而损坏零件，形成断路，使机器停止生产。

保养方法：①避免使用空气压缩机的风直接吹拭电气零件，应使用高绝缘清洗喷剂。②定期检查各端子接线并上紧。③外部配线应避免物品碰撞及摩擦。④定期检查各限位器上的滑轮磨损度及固定接线头是否松动。⑤定期检查各电磁接触器的接点是否严重腐蚀。⑥电箱内部保持干燥。⑦避免将物品堆置于电箱通风口处。⑧避免直接以东西敲打或践踏电箱及计算机部分。⑨避免在料管的电热片上面放置物品。

9.1.3 机械部分的保养

注塑机的机械部分是注塑机的三大结构之一，也是维修成本最高的一个部分，因此必须加以适当的保养，预防发生故障。

（1）注射系统

①保持机械表面清洁，射台表面及两条导杆均需保持清洁，避免污物积聚，藏进机械组件间的缝隙而影响性能。②进行适当润滑，射台两条导杆必须常保润滑，使机械运行顺畅，避免磨损，熔融电动机部分轴承组合必须定期加注润滑油脂。③使用时注意事项：a. 除塑料、颜料及添加剂外，切勿将其他东西放进料斗，假如大量使用粉碎的回料，便需加上料斗磁铁器，以防止金属碎片进入料筒，损坏螺杆及料筒。b. 熔料尚未达到预先调整的温度时，切勿启动液压电动机熔料、注射或松退，否则会造成螺杆及螺杆头套件损坏。c. 使用（松退）时，料筒内的塑料勿忌因低温而硬化，否则在螺杆后退时，硬化塑料将在杆前端黏着，毁坏转动系统组件。d. 较长时间停机时，应先将料筒内的塑料清理干净，以防止热敏感程度高的塑料发生碳化。使用高腐蚀性的原料时，特别要注意这一点。因为该类塑料停滞在料筒内很容易破坏料筒内部及螺杆表面氮化层。e. 定期检查射台各部分，锁紧松脱零件，确保两个注射油缸安装平衡，以免油缸油封损坏，导致漏油及油缸活塞杆受磨损等现象。f. 靠近喷嘴的电热片要保持不被塑料包住，因为电热片很容易因塑料包住而致散热不良。

（2）合模结构

合模结构由十字头导杆、导杆支板、连接板、曲手固定座、十字头、连接板等组合而成，而曲肘部分最常出现的故障有：铰边磨损或断裂、衬套内径变形或脱落、十字头导杆变形等。

预防性保养：①确保各机械部分均有适当润滑——在合模结构中，有几个部分要特别注意润滑，包括：模板衬套与哥林柱之间的接触面，铰边与钢司之间的接触面，移动模板的滑脚及滑脚导轨，哥林柱螺纹与调模螺母等。②保持锁模结构的清洁——保持四支哥林柱、滑脚系统、哥林柱螺纹面调模螺母及曲手等的清洁。③使用时应注意的事项：a. 控制开模及合模行程的速度、压力、位置调整、减少冲击，以防伤害模板、十字头及模具等。b. 每次停机时，应先将模具开启。假若长期任由模具紧合，处于强大的锁模力下，容易导致哥林柱变形，而曲手的六支大铰边亦会因受压力而弯曲。故谨记于每次停机前将模具略微开启，或于长期停机前把容模量略微调大。避免哥林柱长期处于巨大压力下。c. 定期检查固定哥林柱与头板及防止转动的调整大螺母是否上紧或移位；四根螺栓须平衡上紧，以免受力不均。d. 定期检查曲手部分是否有润滑不良现象。

除了上述注塑机的两大机械结构需作预防性保养外，制造商亦应注意，在注塑某种塑料时，应先向原料供货商查询何种注射螺杆较为合适。此外，应注意如机器的四支哥林柱伸长率不平均，经长期使用后，会导致铰边以及哥林柱折断及钢司爆裂等现象；再者，模具本身的精度问题，亦可能导致机械受损。

当厂商发现注射产品时，需要超过其本身所需的锁模力，才能达到无毛边的效果,便应留意检查模具的精密度,如发现问题,必须及早修理,否则勉强增加压力锁模,容易导致模具受损。

(3) 模板部分

① 固定板　固定模具及连接射出结构,使其位于机台面,固定板使用不当造成的现象有中心径处变形、模具固定孔内螺纹损坏、平面凹陷等。

预防性保养:避免使用模具外形尺寸小于机器柱内距 2/3 的模具高压成型,必要时要在固定板及活动板上加垫 40~50mm 的板。固定模具螺栓,避免使用硬度太高的合金螺栓,螺栓锁入螺纹内的深度必须在 1.5 倍直径以上,上紧扭力须适当,模具固定之前,检查模具及固定面是否洁净,必要时用油石清理。

② 活动板　用以带动模具往复移动,使得产品脱离型腔。利用四根哥林柱支撑,因此在模板与哥林柱接触面产生较大的摩擦。

将固体润滑剂埋入轴承内,可达极佳的润滑效果,为了有效降低活动板承受过大的荷载,在活动板下方和机器台面滑道间加装滑脚以有效加大支撑面,减小活动板本身及动模向下垂力。

③ 调模结构　由尾板、调模厚大链轮、调模电动机、齿轮、压板、齿轮支柱尾板滑脚等部分组合而成,用于决定生产模具的厚度。使用上常出现的故障情况有大链轮与哥林柱螺纹面卡住不顺,调模电动机变速齿轮损坏,调模链条断等现象。

预防性保养:a. 调整模厚时,必须在尾板无受力状态下进行(动、定模须离开间隙)。b. 避免润滑油脂污染。c. 齿轮压板与齿轮的接触面间隙或齿轮尾板接触面保持约 0.30mm 间隙。d. 定期检查齿轮支柱固定螺栓是否松动。e. 定期检查,尾板滑脚移动位置是否有异物。f. 调模电动机因过载而跳脱时,切勿强制启动,以免损坏其他组件。

④ 顶针油缸　固定于活动板上,功能是顶出产品,使产品脱离模具型腔,承受的是往复的撞击力,最常出现的故障有顶出棒变形、顶出板的固定螺栓断裂、顶针活塞杆磨损导致漏油等。最常见的原因为螺栓因长期撞击而松动,未能及时上紧,以及受力不均。尤其是采用多点顶出模具,各点顶针的尺寸调整皆需注意,建议在更换模具时,检查顶针相关部位螺栓。

9.1.4　日常点检保养

为了保持机器性能和延长机器使用寿命,应该定时检查机器。

(1) 液压装置的保养和检查

液压装置经过长时间运转后,压力油难免受污染,导致油中可能含有金属粉、油封碎片、淤垢等污染物。实际上,液压装置约有 70% 以上的故障与压力油有关。造成液压组件有污物堵塞阀芯的原因有以下几点:在添加新的压力油的过程中,由于压力油是经过输送油喉进入注塑机的油箱,因此容易带进不少金属及橡胶微粒;由于液压组件如油泵、液压马达、方向阀和机芯的磨损,微粒容易随着压力油进入液压系统之中，因而造成污染；为确保液压系统工作正常，减少故障，必须对压力油的空气过滤、滤油器、冷却器进行保养和检查。

(2) 压力油的检查

压力油在使用六个月内，应从油箱里抽取 100cc（1cc＝1mL）的压力油送往化验室检验。如发现压力油已经劣化，应立即更换。在新机器运行三个月内，需更换压力油，然后一年更换一次压力油。如因某种原因，未能送往化验，可参考以下方法检验：从油箱里抽取压力油样本，先观察压力油的颜色。如发现变成乳白色，可能是压力油中混入空气或水分。这时应将压力油放置室内隔日再观察，如压力油已变清，表示空气混入油中，应查明液压系统漏气之处；如压力油变清，杯底有水分沉淀，表示液压系统已有水分混入；如呈乳白色，表示水分已混入压力油中有相当时日，必须更换新压力油。检查各液压组件的状况，并查明水分混入的途径（一般为冷却器破裂而造成）。

使用滤纸或卫生纸，也可检查压力油中是否含有水分或杂质。把压力油的样本滴于滤纸或卫生纸上，如压力油含有水分，由于水分的扩散速度较快，故能辨别压力油中水分含量（需与新压力油做比较）。把压力油倒经滤纸过滤后，让滤纸静置数小时，如压力油已经劣化或含有杂质，滤纸的中央部分会出现黑色痕迹或杂质沉淀（以上检查压力油的方法，只供参考）。

更换压力油或补充压力油时，应注意下列事项：补充的压力油必须与系统内的压力油型号完全相同。不同的压力油混合后，会产生化学反应，影响压力油的品质。如压力油无故减少，应先查明原因，再作补充。更换压力油时，应把油箱内的油全部抽出。同时清洗油箱内部。每次换油时，应先清洗滤油器。添加压力油所使用的喉管，必须保持清洁。添加压力油时不可直接加入油箱，应使用滤网过滤后加入。切勿用碎布作清洁用，因其遗下的毛层会堵塞滤油器的过滤网。

(3) 空气过滤器的检查

在油箱顶盖上，安装了兼作压力油进油口的空气过滤器，它根据油箱内油面的变化，使油箱内空气进出容易。每次添加或补充压力油后，用汽油清洗过滤器后再用压缩空气吹干。

(4) 滤油器检查

在机器开始运行两周后，取出滤油器清洗，每隔三个月清洗一次，以保持油泵吸油管道畅通。若滤油器上的过滤网被杂质堵塞，会导致油泵产生噪声。

滤油器的清洗步骤：①打开油箱盖，把滤油器取出。②把滤油器放在一个容器上，添加些汽油，用刷子洗刷过滤网后，再用压缩空气吹干过滤缸内外部分。③把滤油器重新安装回去，并盖回油箱盖。

(5) 冷却器的检查

冷却器使用一段时间后，水垢会黏附在冷却器的散热管内壁，导致传热效率降低，压力油上升。因此，每六个月应清洗一次冷却器。

冷却器的拆卸及清洗步骤：①确定油箱内的压力油已完全抽出。②确定冷却水供应的水闸已关闭。③把容器放在压力油和冷却水的连接部分，方便拆油管和水管时，盛载水和油。④拆除冷却器上冷却水管和压力油油管。⑤拆除机器上固定冷却器的螺栓。⑥把冷却器内的压力油和冷却水全部排出。⑦松开冷却器两侧外盖的固定螺栓，并把外盖取出。⑧取出散热铜管和阻隔板。⑨使用铜刷清洗热铜管的内、外各部分。

注塑时，压力油的温度保持在 30~50℃ 最为合适。压力油温过高可能产生以下现象：①氧化加速，让压力油质变坏；②压力油浓度降低，可能导致润滑功能变差，油泵、油掣容易损坏；③封油圈容易硬化，降低封油功能。

（6）润滑油的保养和检查

锁模部分为重要的润滑地方，其中包括大小铰边、滑脚及导杆等。由于长时间受到往复摩擦，如果缺乏妥善的润滑，零件会很快磨损，直接影响机械零件的性能和质量。

为确保润滑系统运作正常，请按下列各点检查：①一般使用情况下，建议每 10 个注塑周期排油 3~5s。②每 4 个月或 500000 个周期需更换润滑油和清洗回油、抽油滤芯及油箱。③在正常使用情况下，存油量会逐渐减少，需每周检查存油量。④定期检查电动机动作是否正常。⑤油箱及润滑油要保持清洁，避免润滑油与水混合。⑥调模螺母、哥林柱铜司、滑脚、熔料电动机的传动轴、射台前后（T 槽）导轨、电动机的轴承均采用润滑脂油嘴（黄油嘴），请定时进行加注润滑油脂工作，建议每月一次。

（7）合模装置的保养和检查

锁模结构的移动或转动部分，因缺乏润滑油而容易导致磨损，需注意下列各点：①足够的润滑油，可防止机铰部分的磨损。②经常检查机铰集中润滑系统的润滑透明喉是否畅通及有没有折断、损伤的情况出现。③定期性检查机铰部分是否有不良的磨损，有没有铁粉渗出。④保持移动模板的滑脚导轨的清洁润滑。⑤保持四条哥林柱表面的清洁。⑥勿使用不良的模具，会使机铰磨损，且会导致哥林柱折断。⑦勿使用过高的锁模力，会使模具及型腔产生变形。而且还会导致机铰、模具及哥林柱的使用寿命缩短或损坏。⑧请勿使用太小的模具，模具太小会在模板上产生高弯曲应力，长期使用会导致模板爆裂。

（8）其他装置的保养和检查

① 电动机的检查：a. 一般电动机是利用空气冷却形式散热，太多的尘埃积聚会造成散热困难，应每年清扫外壳及风扇叶四周的尘埃一次。b. 当电动机发出不正常的噪声时，应检查轴承是否磨损，若磨损应立即更换。c. 使用 500V 兆欧表测量线圈的绝缘电阻是否在 1MΩ 以上。

② 模厚调整的检查：模厚调整装置应定期使用，将模板从最厚至最薄来回调整一次，以保证动作顺畅。长期使用同一模具生产的机器，此项检查是必须进行

的，以避免调模时出现故障，同时将润滑油脂涂在调模齿轮和链条上。

③ 抽芯/绞牙装置的检查：a. 检查压力软喉外皮有没有破损。b. 检查压力喉的接头有没有松动。

为确保机器运行正常，保持机器的高性能、使用寿命、安全运行及缩短因故障所造成的停机时间，必须对机器进行定期性的维护检查工作。需要日常点检的内容如下：

① 切断油泵部分电动机电源。

② 保持注塑机和机身四周清洁。

③ 检查温度针与加热圈是否正常。

④ 检查安全门拉开时能否终止合模。分别用手动、全自动、半自动操作合模，进行测试。

⑤ 检查模具是否稳固安装在合模前板及移动模板上。

⑥ 检查各冷却水喉管是否有漏水现象，收紧漏水的喉管。

⑦ 检查所有罩板是否稳固。

⑧ 开机运行一段时间后，检查油温是否上升（超过50℃）。检查供应冷却的冷却水温度，油温应保持30~50℃。

⑨ 检查机械安全锁，是否操作正常。

9.1.5 月度维护保养

① 检查各润滑喉管是否有折断或破损。

② 检查各安全门限位开关的滑轮是否有磨损。

③ 检查机械各活动组件螺栓是否松脱。

④ 检查各电器件与接线是否有松脱。

⑤ 检查油压系统的工作压力是否过低或过高。

⑥ 检查全机的各部分是否有漏油现象，如有则收紧漏油的油喉接头或更换损坏油压组件油封。

⑦ 检查系统压力表是否操作正常。

9.1.6 年度维护保养

① 检查各电偶线、加热筒安装是否稳固。

② 检查各电子尺和近接开关的安装是否稳固。

③ 检查速度、压力的线性比例，如有需要可重新调校。

④ 重新检查喷嘴中心度。

⑤ 检查电箱内部的继电器及电磁接触器的接点是否老化，如有需要更换新件。

⑥ 检查电箱内部、机身外的电线接驳是否稳固。

⑦ 清洗冷却器铜管的内外壁。

⑧ 检查锁模前板上的四个哥林柱螺母安装是否稳固，有没有反松。
⑨ 检查安全机械部分的固定螺栓是否收紧。
⑩ 清洗冷却器铜管内外壁。
⑪ 清洗油箱内部四周。
⑫ 清洗滤油器上的污物及清扫空气滤器上的灰尘。
⑬ 检查压力油是否需要更换，抽取压力油样本送往化验，如压力油劣化，必须更换新油。
⑭ 清扫电动机扇叶及外壳表面灰尘，并注入润滑油脂于轴承上。
⑮ 检查机身外露的电线，如损伤，必须更换。
⑯ 检查液压马达部分轴承组合是否有噪声，重新注入润滑油脂或更换新轴承。
⑰ 重新检查机身水平。
⑱ 重新检查锁模头板与移动模板之间的平行度。

9.1.7 注塑机常见故障分析

表 9-1～表 9-3 是产品维修、操作的经验汇总，请参照。

表 9-1 电动机故障分析

故障	引起原因	排除方法
液压马达及油泵起动，但不起压力	油泵上比例压力阀接线松断，或线圈烧毁	检查比例压力阀是否通电
	杂质堵塞油泵上比例压力阀油口	拆下比例压力阀清除杂质
	压力油不清洁，杂物积聚于滤油器表面，阻碍压力油进入泵	清洗滤油器，更换压力器
	油泵内部漏油，原因是使用过久，内部损耗或压力油不洁而造成损坏	修理或更换油泵

表 9-2 常见故障分析

故障	引起原因	排除方法
不合模	安全门限位开关的接线松断或损坏	接好线头或更换开关
	合模电磁制的线圈可能已向阀内，卡着"阀芯"移动	清洗或更换合模、开模控制阀
	方向阀不复位	清洗方向阀
	顶针不能退回复位	检查顶针动作是否正常
不注射	注射电磁制的线圈可能已烧，或有外物进入方向阀内，卡着阀芯移动	清洗或更换注射制阀
	压力过低	调高注射压力
	注塑机的温度过低	调整温度表以升高温度至要求点。如调整温度表仍不能把温度升高，检查加热筒和保险丝是否烧毁或松断，如已坏断，及时换新
	注射组合开阀制接线松断或接触不良	将组合开关线头接驳妥当

续表

故障	引起原因	排除方法
熔料螺杆转动，但物料不进入料筒内	熔料后退压力过高，背压阀损毁或调整不当	调整或更换熔料背压阀
	冷却水不足，以致温度过高，令物料粒进入螺杆时受阻	调整冷却水量，取出已黏结之物料块
	落料斗内无料	加料于料斗内
射台不移动	射台移动限位行程开关被调整撞块压合	调整
	射台移动电磁阀的线圈可能已烧或有外物进入方向阀内卡着阀芯移动	清洗或更换电磁阀
开模发出声响	开模行程开关制没有卡住或开关失灵	调整或更换电磁阀
	慢速电磁阀固定螺栓松开，或阀芯卡死	调整至有明显慢速
压力油温度过高	油泵压力过高	应调至物料的需求压力为准
	油泵损坏及压力油浓度过低	检查油泵及油质
	压力油量不足	增加压力油量
	冷却系统有问题致冷却水不足	修复冷却系统

表 9-3　自动失灵故障分析

故障	引起原因	排除方法
半自动动作失灵	如果在手动状态下，每一个动作都正常，而半自动失灵，则大部分是由于电器开关制及时间制未发出讯号	首先观察半自动动作是在哪一阶段失灵，找出相应的控制元件，进行检查加以解决即可
全自动动作失灵	电眼失灵，固定螺栓松动或聚光不好引致	使电眼恢复作用
	时间制失灵或损坏	调整或更换时间制
	加热筒损坏	更换
	热电偶接线不良	固紧
	热电偶损坏	更换
	温度表损坏	更换

9.2　模具保养

9.2.1　模具保养的重要性

模具保养不到位，严重影响生产进度、产品品质和成本。要使注塑模具稳定顺利地生产，模具保养是很重要的。目前造成模具保养不到位的主要原因是：人手不足，没有保养意识，没有保养体系，执行力不到位等。

(1) 模具保养的重要性

① 保养好的模具可以高效注塑，降低注塑机的整体能耗。

② 模具故障少，保障注塑生产的持续性，降低注塑成本。
③ 注塑产品品质的保障，提升产品的合格率。
④ 延长模具的寿命，降低模具的成本。
（2）模具高效注塑生产需要具备的条件
① 从思想上重视，对相关技术人员进行全面的模具技术培训。
② 建立标准化的操作流程，持续改善，养成习惯。
③ 建立模具保养的标准，组建监督部门进行监督。
④ 发动全体人员积极参与，形成模具设备保养的环境氛围。

9.2.1.1 模具定位机构

注塑模具中，模具的三级定位是模具精度的保证，对产品质量的稳定起到很重要的作用，需要特别重视。模具定位设计得不合理会造成模具开合模时不顺畅、模具零件损坏、模具错位及各种产品问题，所以模具的定位是模具设计和注塑过程中很重要的一个组成部分。

一级定位：主要指的是模具导柱、导套之间的定位，如图 9-1 所示。由于导柱、导套的配合本来就存在较大的障隙，而且在注塑生产过程中，导柱、导套不断的磨损导致配合间隙更大，所以定位不是很精准，只是一个粗定位机构。

图 9-1　一级定位

二级定位：主要是前、后模板的精确定位，如图 9-2 所示。定位块的定位精度要高于导柱与导套的定位精度，而且在生产过程中，二级定位零件磨损后也比较容易进行更换，以保证后续大批量生产。

图 9-2 二级定位

三级定位：是指型芯上设计虎口的精定位，为了保证模具前、后模料位部分不产生错位，前后模具中，插穿位零件的精确定位，如图 9-3 所示。对于精密度要求高的产品，三级定位如果磨损，二级定位也无法满足产品要求时，就需要及时更换型芯，以确保产品的生产品质。正常情况下，三级定位磨损到达不到产品要求，模具寿命也就到了。

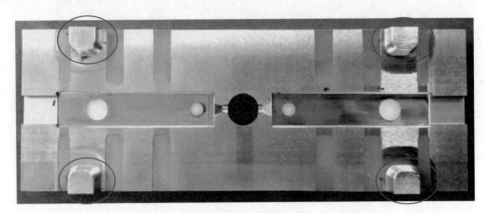

图 9-3　三级定位

模具的定位机构也是保养的重点对象，需及时添加润滑油，如发现磨损严重的，要及时修理或更换。

9.2.1.2　模具保养与模具寿命的关系

注塑模具是注塑生产的重要组成部分之一，在注塑车间制定模具的点检与保养方法，可以有效维护模具的精度，稳定生产，减少生产过程中故障的发生。主要体现在以下几方面：

① 注塑模具作为塑料产品加工中最重要的成型工具设备，模具质量的好坏直接影响产品质量的好坏。而且由于模具在注塑加工生产成本中占据较大的比例，其使用寿命直接影响塑料制品的成本。因此，提高注塑模具质量，维护和保养好模具，延长模具使用周期是注塑加工企业降低成本和增加效率的重要环节。

② 注塑生产由于加工的产品种类多，注塑模具更换频繁，在生产完成一批订单后，模具会一直保存到下一批订单，才会再次使用。在模具保存过程中不够重视的话，可能会发生模具生锈、表面光泽变暗、表面腐蚀等问题。当再次生产时，塑料产品品质下降，不良率升高，对生产造成极大的浪费。

③ 一套保养和维护良好的模具，可以缩短模具装配、调试时间，减少生产故障，使生产运行平稳，产品质量稳定。同时企业在运营过程中的成本和材料的浪费方面就会降低。当然对于易磨损的零配件需要有备用件，以防生产异常发生而影响客户的交货期。

9.2.1.3　模具保养与塑料产品质量的关系

要重视模具的表面保养，它直接影响产品的表面质量，重点是清理和防止锈蚀，因此，选用一种适合、优质、专业的防锈油就尤为重要。当模具完成生产任务后，应根据不同注塑方式采取相应的方法仔细清除残余注塑，可用铜棒、铜丝及专业模具清洗剂清除模具内残余注塑及其他沉积物，然后用风枪吹干。禁用铁丝、钢条等坚硬物件清理，以免划伤或碰伤模具表面。若有腐蚀性注塑引起的锈点，要进行抛光处理，并喷上专业的防锈油，然后将模具置于干燥、阴凉、无粉尘处储存。

① 要对模具几个重要零部件进行重点跟踪检测：顶出、导向部件的作用是确保模具开合运动及塑件顶出。若其中任何部位因损伤而卡住，将会导致停产，故应经常保持模具顶针、导柱的润滑，并定期检查顶针、导柱等是否发生变形及表面损伤，一经发现，要及时更换。完成一个批次的生产订单之后，要对模具工作表面、运动、导向部件涂覆专业的防锈油，另外，冷却流道的清理对生产效率和产品质量影响较大。随着生产的持续，冷却流道易沉积水垢、锈蚀、淤泥及水藻等，使冷却流道截面变小，冷却通道变窄，大大降低冷却液与模具之间的热交换率，从而迫使冷却时间延长，影响生产效率，增加车间生产成本。目前行业中已经有专业的模具清洗设备可用，第 7 章内容中有详细介绍。

② 产品质量与模具：制品表面纵向沟纹不间断。这种现象主要是因为模具熔料流道不通畅，可能有异物卡在流道腔内某一部位，前模型腔部位有划伤痕迹、毛刺或有严重磨损粗糙面。

产品的好坏是由模具决定的，模具保养不足，带来的后果也许很严重，主要体现如下：

a. 模具关键零部件损坏，如顶针断、斜顶断、断镶件、滑块卡死、顶出不顺、开合模时导柱（导套）卡死等。

b. 塑料产品披峰、变形大、颜色差异、产品报废率高，甚至停机等。

c. 成型周期长，突发品质异常，效率低。

d. 产品交付计划不可控、品质不可控，遭到客户投诉。

9.2.2 模具维护保养规范

日常模具保养要点如下：

① 模具表面的清洁，排气槽清理。

② 对于各运动部件首先要清理杂质、污垢，再在顶针、斜销、滑块、导柱、导套等处添加润滑油。

③ 检查成型参数：注射和熔融的稳定性。

④ 检查生产过程中，模具合模有无异响，运动部件有无烧伤。

生产中的模具每班（8～12h）由负责模具保养的专业技术人员对模具进行保养，并将其记录在"模具日常点检表"中，以便后续查找追踪。日常在机保养提前做好计划，表 9-4 为日常点检表样板。

表 9-4 日常点检表样板

模具名称：								注塑机型号：							产品名称：						班别：					年		月	
项目\日期	1	2	3	4	5	6	7	8	9	10	11	12	13	14	15	16	17	18	19	20	21	22	23	24	25	26	27	28	29	30	31
模具表面异物清理																															
模具冷却水是否通畅																															
模具导轨润滑部位打润滑油																															
模具顶出机构异物清理																															
模具顶出机构润滑油的添加																															
确认模具取数状况是否良好																															
确认模具周番、年番、月番、穴番等识别状态																															
回位机构是否异响与润滑																															
点检人员																															

9.2.3 模具在机保养作业方法

模具的在机保养也就是模具的日常点检与保养。为了便于读者学习和理解，以下对模具的在机保养做简单的介绍。

① 按下紧急停止按钮，停止电动机，拉开安全门。用棉布喷上清洁剂擦拭模具分型面和排气槽的异物、料粉、油污等，如图 9-4 所示，如果擦拭不干净，可用铜刷轻轻刷模具分型面和排气槽位清理。

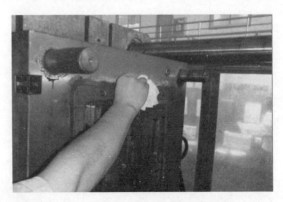

图 9-4 清洁分型面

② 检查模具的导柱、导套、斜导柱、滑块等部件是否有损伤、变形，清除表面的异物并涂上润滑油，如图9-5所示。

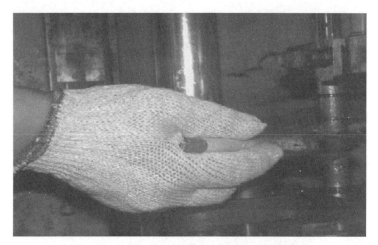

图9-5 导柱、导套保养

③ 启动电动机，切换到手动状态，按顶进、顶针按钮，观察顶出是否顺畅，顶针回位是否正常；并听有无异常响声。顶出顶针，用棉布蘸去渍油擦除顶针表面的油污或脏污，退回顶针。重复上一步动作，直到顶针表面油污清洁为止，顶针底部需要喷润滑油，如图9-6所示。

图9-6 顶针保养

④ 用手确认滑块螺栓是否有松动，斜顶摆动异常，模具拉杆螺栓是否有松动，拉杆是否存在明显的变形等。检查磨损情况，必要时进行更换，如图9-7所示。

⑤ 把松动部件重新装配上去，锁紧，顶针退回位，再次顶出确认顶出和回位机构是否顺畅和异响，如图9-8所示。

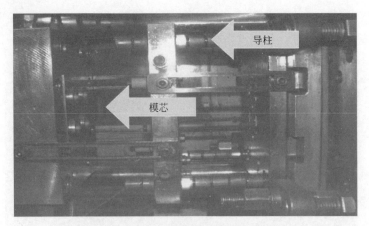

图 9-7 滑动部分保养

图 9-8 再次确认检查

完成日常点检保养后,就可以重新生产,确保生产稳定后,再进行下一套模具的保养。保养完成后,一定要把保养结果和记录填写完整,以便后续查询。

9.2.4 模具的三级保养

(1) 一级保养

针对模具的分型面和模具整个表面进行除锈、去污、洗净;导柱、导套、滑块等滑动位置追加润滑油;弹簧、拉杆等其他组件状态确认正常后,方可组装(俗称组立)生产;热流道模具要检查是否有漏料现象。

(2) 二级保养

除实施一级保养的全部内容外,要全部分解后模和后模型芯、前模和前模型芯进行清洗(一些油污、生锈比较严重的模型芯,如滑块、镶件等最好能使用超声波进行清洗），其他组件保养完成后，方可组装生产。

（3）三级保养

除实施二级保养的全部内容外，模具零件全部分解，即后模、前模，整个模具进行分解，前后模型芯全部进行洗净，顶出机构部件、回位弹簧高度确认一致，易损件进行更换。其他所有组件保养完成后方可组装生产。

（4）模具的保养周期

① 一级保养　每一次上模或下模、生产计划完成、模具巡检时，基本每天都进行。

② 二级保养　450t 机台以下：40000 模；450～1000t 机台：20000 模；1000t 机台以上：15000 模。以上数据适用于普通类型的模具，精密度高的产品，模具结构简单，模具较小，注塑 50000 模次后，才进行二级保养或根据企业要求，确定保养频次。

③ 三级保养　450t 机台以下：80000 模；450～1000t 机台：40000 模；1000t 机台以上：30000 模，以上数据适用于普通类型的模具。精密度高的产品，模具结构简单，模具较小，注塑 100000 模次后才进行三级保养，或根据企业要求确定保养频次。

保养周期根据生产数量设定，视模具状态及订单状况提前或延后 20% 生产数进行模具保养工作。表 9-5 为模具定期保养记录参考表格。

表 9-5　模具定期保养记录

机种名称			模具编号					
生产次数			保养级别	□一级保养		□二级保养		□三级保养
保养日期			需要日期					
序号	模具部位	保养项目		一级保养	二级保养	三级保养	保养记录	备注
1	定模（前模）	模具喷嘴料位清理		★	★	★		
2		模具表面和型腔内油污、脏物清理		★	★	★		
3		模具型腔镜面抛光		★	★	★		
4		模具热流道插头、固定检查		★	★	★		
5		模具滑块、锁紧槽加润滑油		★	★	★		
6		模具型腔及外表面防锈		★	★	★		
7		模具分型面(拉伤、撞伤)检查并修复			★	★		
8		导柱、导套(有无咬伤、拉伤、变形)更换			★	★		
9		热流道(感温线、加热线)导电良好，无漏电			★	★		
10		检查水路、气路有无堵塞			★	★		
11		模具热流道拆卸,检查是否有磨损、漏料现象,如有修复				★		
12		型腔、型芯拆除并清理水道,更换模具水路密封圈				★		
13		其他						

续表

序号	模具部位	保养项目	一级保养	二级保养	三级保养	保养记录	备注
14	动模（后模）	模具型腔镜面抛光	★	★	★		
15		模具顶出部位（顶针、顶块）检查，紧固	★	★	★		
16		模具侧滑部位（滑块）检查加油	★	★	★		
17		模具型腔及表面防锈	★	★	★		
18		模具分型面（拉伤、撞伤）检查并修复		★	★		
19		弹簧检查有无损坏或达到标准次数，是否需要更换		★	★		
20		模具运动部位（顶块、滑块、复位杆）拆除检查是否有拉伤并添加润滑油		★	★		
21		检查水路、气路有无堵塞		★	★		
22		型腔、型芯、滑块、顶块拆除并清理水道，更换模具水路密封圈			★		
23		检查顶块、滑块、导槽是否磨损并修复			★		
24		模具顶出油缸检查是否顺畅、漏油			★		
25		组装，所有螺钉紧固到位			★		
26		其他					
雷区		禁止任何人员戴手套保养镜面部位，禁止任何人员用风扇对着模具保养；禁止使用物体、手、手套、剂、液、布、纸去碰或擦拭或冲洗镜面部。					

备注：

备注：保养人由技术人员保养后填写，并经主管稽核结案存查。

| 保养人： | | 稽核人： | | | | | |

表 9-6 所示为模具保养的基本步骤。

表 9-6 模具保养步骤

序号	操作步骤	图示
1	将要保养的模具吊放在工作台上，清理好模具周边杂物	

续表

序号	操作步骤	图示
2	用铜锤将前后模分开	
3	拆下所有的模板,并清理表面油渍和异物	
4	用扳手把顶针垫板拆开	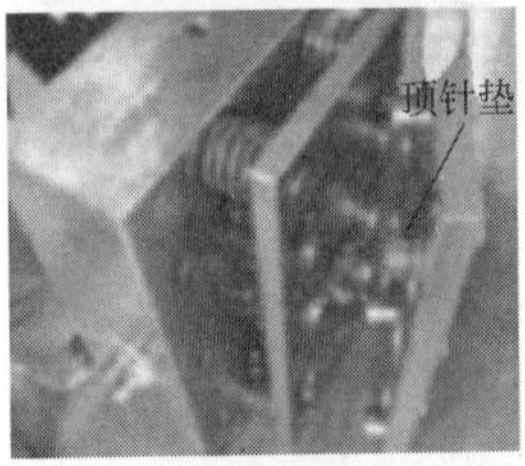
5	如果有斜顶,使用拉模套,拆下斜顶座	
6	取出顶针	
7	清洗顶针及顶出机构并涂上润滑油,注意与顶针相配的孔位也一并清洗干净	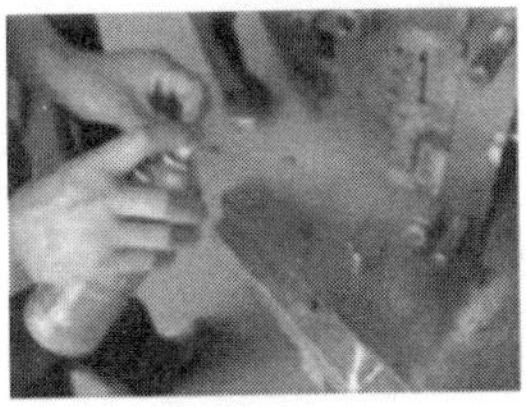

续表

序号	操作步骤	图示
8	用清洗剂清洁模具,并吹干	
9	拆下回位针,清洁并涂上润滑油	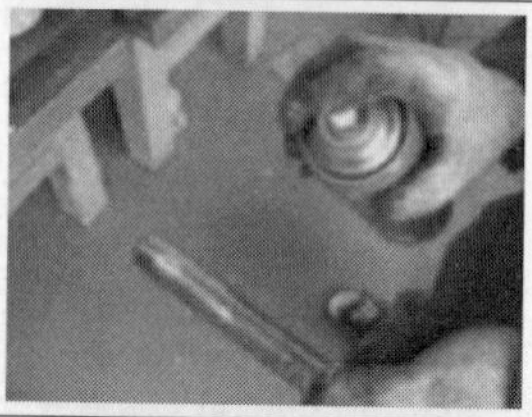
10	将顶针及相关顶出配件按照模具图,组装回原状	
11	检查顶针、镶件是否按编号对应组装好,部分配件需要注意装配方向	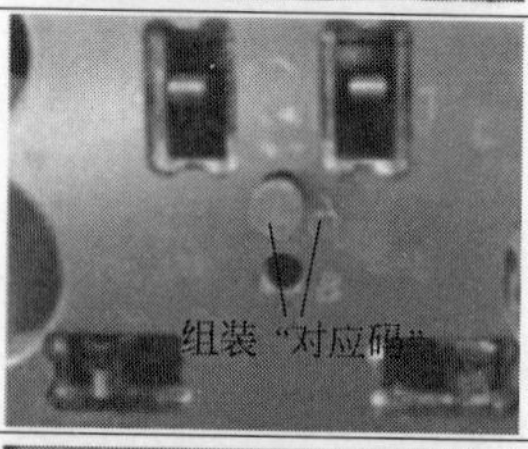
12	顶针垫板装配回原位,并检查顶针是否装配到位	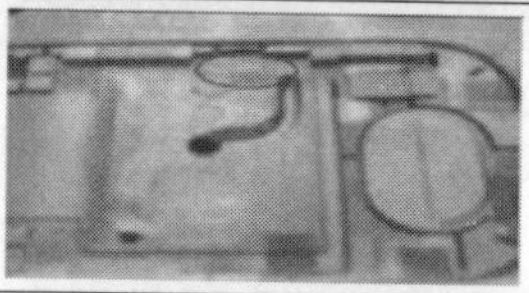
13	清洁导柱、导套,并涂上润滑油	
14	检查模具零件是否有漏装,并确认年月日期章	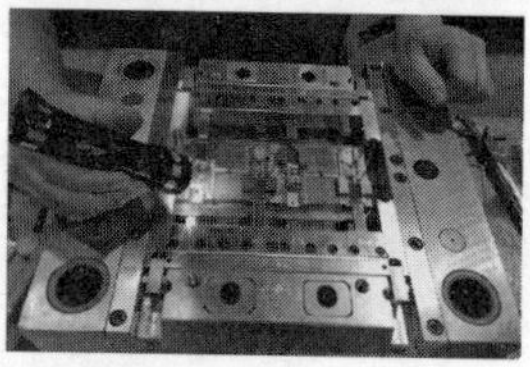

续表

序号	操作步骤	图示
15	合模,用锁模块锁紧模具,存放在指定位置	

9.2.5 模具外观保养要点

① 模架的外侧涂涂料,避免模具生锈,根据客户要求或公司内部标准进行涂装。

② 模具生产完时,产品相关的型腔要均匀喷涂防锈油。

③ 模具保存时应闭合严实,防止灰尘进入型芯,如有弹块等结构限制闭紧,则需要在模具两侧加装锁片防止弹开。

注塑模具保养检查步骤如下:

① 检查运行中模具使用状态是否达到模具保养的标准,如图9-9所示。

图9-9 保养检查标准(1)

② 检查模架上模具状态及模具放置标识情况的完整性,如图9-10所示。

③ 检查下机后模具状态,模具冷却水是否存在积水,模具是否有加防锈油,模具表面是否清洁,如图9-11所示。

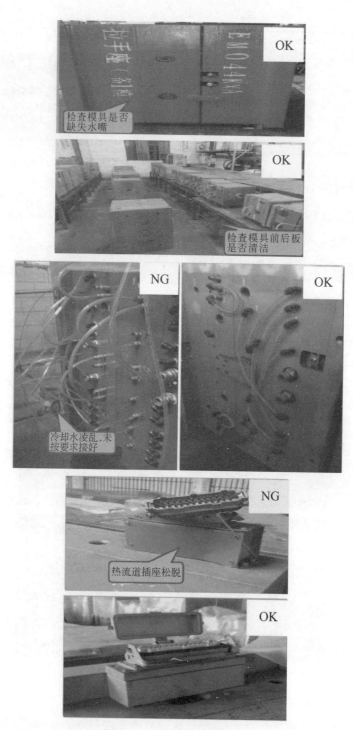

图 9-10 保养检查标准（2）

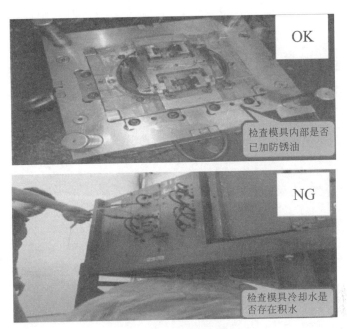

图 9-11 保养检查标准（3）

④ 检查保养后的模具状态。有时候要确认保养执行到位，需要把模具打开后，再次检查，如图 9-12 所示。

图 9-12 保养检查标准（4）

⑤ 检查模具资产台账是否记录完善。同时要检查模具维护保养状态，模具保养工具的管理。如图 9-13 所示。

图 9-13　保养检查标准（5）

9.2.6　模具档案的设计与建立

要保证模具在生产过程中正常运行，注塑车间建立一套合理而有效的模具档案是十分重要的措施。

① 所有的模具必须建立模具档案。模具档案的重要性就与我们每个人去医院看病时候的病历一样，所以，模具档案就是模具的病历。

② 模具档案的内容：a. 模具设计图纸，包含完整的产品图、模具装配图、零件图、模具零件明细表（BOM 表）及电极图，以及本模具易损件明细。b. 本套模具产品注射工艺参数表，包含注塑机型号、机台编号、注射工艺编制日期、编制人员、试模日期、模具投入正式生产日期。c. 生产调试人员及辅助人员名单（可临时更换）。

③ 模具注塑生产记录，包含班产量、月产量、年产量。产品合格率记录，包含生产过程事故及障碍发生记录以及处理结果。

④ 模具维修记录，包括：

a. 日常维护记录：含易损件更换记录、维护日期、维护人、维护后模具生产情况落实。

b. 模具故障维护记录：当模具发生生产故障而必须对模具实施维修时，维修结束后必须将维修过程及结果记录在案。包括维修内容、维修成本（含人工、时间、更换零件）、维修结果（含维修后必须试模的）、本次维修间隔期间模具产品的生产数量。

第 10 章 注塑车间管理

注塑是一门知识面广、技术性和实践性很强的技术。注塑生产过程中需要使用塑料原料、色粉、回料、模具、注塑机、辅助设备、工装夹具、喷剂、各种辅料及包装材料等,涉及的材料多、机械设备复杂,这些给注塑车间的管理带来了很大的工作量和一定的难度,与其他行业或部门相比,对注塑车间各级管理人员的要求就更高。

为了减少浪费,多数企业的注塑生产都需要 24 小时连续作业,一般为两班倒或三班倒的工作方式,注塑车间的工作岗位多,分工复杂,对不同岗位人员的技能要求也不同。要想使注塑车间的生产运作顺利,需要对每个环节和各位岗位所涉及的人员、物料、设备、工具等进行管理。

对注塑车间要建立一套简单易行、高效的管理体系。对于生产成本的管理,生产效率的管理,技术人才的管理,生产设备的管理,安全操作管理都需要有系统全面的操作方案。在实际注塑管理工作中,由于工作方法和管理者观念的差异,无法达到很好的协调,造成工作人员每天忙于处理各种生产异常,跟着问题跑,担任"救火队员",工作累,问题却越来越多,压力也越来越大的工作"怪圈"。

10.1 配料房的管理

① 制定配料房的管理制度和配料工作指引。
② 配料房内的原料、色粉、混料机要分区摆放。
③ 原料要分类摆放,并要标识好。
④ 色粉放在色粉架上,并标识好。
⑤ 混料机要编号、标识,并做好混料机的使用、清洁、保养工作。

⑥ 配备清理混料机的用品。

⑦ 配好的塑料原料需要用封袋机封口并贴上标识（原料、色粉号、使用机台、配料日期、配料员）。

⑧ 要用好配料看板、配料通知单，并做好配料记录工作。

⑨ 对配料人员进行业务知识、岗位职责及管理制度的培训工作。

10.1.1 原料的管理

注射成型时，为了防止品质事故的发生，要实施材料管理标准。

① 对原料的包装、标识进行分类。

② 做好原料领用记录。

③ 拆包的原料需要及时封装。

④ 做好塑料性能、材料鉴别方法的培训。

⑤ 制定原料损耗指标及补料申请的规定。

⑥ 制定原料的存放与使用规定。

⑦ 定期对原料进行盘点，防止物料遗失。

具体措施如下。

① 原材料入库管理　入库时确认材料总数量、证明书、等级、颜色、批次，确认原材料包装的封口处的灰尘、异物的清洁性。

② 原材料保管管理　仓库内的公司名、材料名、颜色名管理及识别表示。出库原材料的总数量要确认，材料名、等级、颜色确认并记录管理。

③ 干燥管理　根据材料的特性，选择干燥机（热风干燥机、除湿干燥机、多段式干燥机等）。根据干燥机前面的材料名、标准干燥温度和干燥时间，按要求执行，表10-1为部分塑料材料的参考表格。

表10-1　塑料材料干燥技术参考标准

No.	材质名	预备干燥管理		干燥机		含水率/%
		温度/℃	时间/h	热风干燥机	除湿干燥机	
1	ABS	70～80	2～3	◎		0.1
2	POM	90～110	3～6	◎	◎	0.1
3	PBT	90～100	4～6		◎	0.03
4	PC	90～120	3～5	◎	◎	0.02
5	PA6	80～100	4～5		◎	0.01
6	PMMA	80	4～6	◎		0.1

④ 原料桶的管理　为了防止作业时混入以前的材料，实施原料桶的清洁管理。

⑤ 烘料斗管理　向注塑机投入原料前，做好阶段性的烘料斗内部低段部的清洁管理（异物、灰尘）。

⑥ 标准化管理　记录管理干燥机的标准温度及时间。对材料类型的粉碎品和新料的使用比例进行标准化管理。记录管理各阶段材料的移动路径,以及月、周材料类型的使用量及粉碎材料的使用量,如图10-1所示。

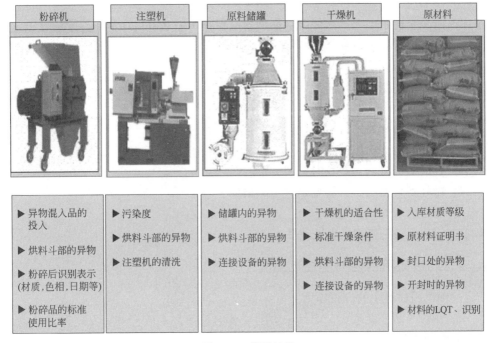

图 10-1　管理过程

10.1.2　色粉的管理

① 对色粉的包装、标识进行分类。

② 做好色粉的领用记录。

③ 拆包的色粉需要及时封装。

④ 做好塑料性能、材料鉴别方法的培训。

⑤ 制定色粉的添加比例。

⑥ 制定色粉的存放与使用规定。

⑦ 定期对色粉进行盘点,防止遗失。

10.2　碎料房的管理

① 制定碎料房的管理制度和碎料工作指引。

② 碎料房内的回料需分类、分区摆放。

③ 碎料机之间需用隔板隔开,以防碎料飞出造成伤害。

④ 碎好的料要及时包装封口，并贴好标纸（原料名称、颜色、色粉编号、碎料日期等）。

⑤ 碎料机需要编号、标识，并做好碎料机的使用、润滑、保养工作。

⑥ 定期检查，紧固碎料机刀片的固定螺栓。

⑦ 更换不同料的回料粉碎时，需彻底清理碎料机及刀片，并保持环境清洁。

⑧ 做好碎料员的劳动保护及安全生产管理工作。

⑨ 做好碎料员的技能培训、岗位职责培训及管理制度的培训工作。

10.2.1 回料的管理

① 对回料的包装、标识进行分类。

② 做好回料的领用记录。

③ 拆包的回料，需要及时封装。

④ 做好塑料性能、材料鉴别方法的培训。

⑤ 制定回料的添加比例。

⑥ 对回料进行盘点，防止遗失。

10.2.2 注塑机台回料的控制措施

注塑机回料产生的主要原因：

① 在新产品开发阶段，模具未得到充分的验证，造成模具反复调试，产生大量的回料和废品。

② 模具异常多，稳定性差。

③ 注塑机台不稳定。

④ 人员操作不规范，造成不良产品。

要想控制好注塑机台的回料，需要从以下几个方面做改善：

① 合理设计产品的结构，规范产品的品质标准，优化模具设计结构，减少模具试作业次数。

② 模具排位尽量紧凑，减少流道回料的浪费，同时需要把模具质量提升。

③ 对于经常出现异常的机台，要及时修理，实在无法修理的，就更换新机台。

④ 定期对技术人员、操作人员进行产品品质标准、注射成型技术培训。

10.3 注塑车间的现场管理

7S 管理是开展以整理、整顿、清扫、清洁、素养、安全和节约为内容的活动，具体内容如下。

① 整理　把要与不要的事、物分开，再将不需要的事、物加以处理，这是改善生产现场的第一步。其要点是对生产现场的现实摆放和停置的各种物品进行分

类，区分什么是现场需要的，什么是现场不需要的；其次，把现场不需要的东西清理掉。对于车间里各个工位或设备的前后，通道左右，厂房上下，工具箱内外，以及车间的各个死角，都要彻底搜寻和清理，达到现场无不用之物。

② 整顿 把需要的人、事、物加以定量、定位。通过前一步整理后，对生产现场需要留下的物品进行科学合理的布置和摆放，以便用最快的速度取得所需之物，在最有效的规章制度和最简捷的流程下完成作业。

③ 清扫 把工作场所打扫干净，设备异常时马上修理，使之恢复正常。生产过程中会产生灰尘、油污、铁屑、垃圾等，使现场变脏，设备精度降低，故障多发，影响产品质量，容易发生安全事故，更会影响人们的工作情绪，使人不愿久留。因此，必须通过清扫活动来清除那些脏物，创建一个明快、舒畅的工作环境。

④ 清洁 清洁是对整理、整顿、清扫三项活动的坚持与深入，从而消除发生安全事故的根源。创造一个良好的工作环境，使职工能愉快地工作。

⑤ 素养 通过素养让员工成为一个遵守规章制度并具有良好工作素养习惯的人。

⑥ 安全 安全为了生产，生产必须安全。生产中应清除隐患，排除险情，预防事故的发生，保障员工的人身安全和机械设备安全，保证生产的连续正常进行，同时减少因安全事故而带来的经济损失。

⑦ 节约 节约就是对时间、空间、能源等方面合理利用，以发挥它们的最大效能，从而创造一个高效率的、物尽其用的工作场所。节约的观念是：能用的东西尽可能地利用；以自己就是主人的心态对待企业的资源；切勿随意丢弃。节约是对整理工作的补充和指导，应该在企业中坚持勤俭节约的原则。

10.3.1 班组长现场管理

(1) 班组长现场管理的六大任务

一般而言，现场必须管理的事项有提高效率生产、降低成本、安全生产、训练人员、改善活动、5S、改进员工工作技能、质量控制、停线次数等，概括为以下六大任务。

① 人员激励 提升人员的向心力，维持高昂的士气。
② 作业控制 制订完善的工作计划，执行良好的工作方法。
③ 质量控制 控制工作质量，执行品质保证标准，以达到零缺陷要求。
④ 设备维护 正确地操作设备，维持生产作业零故障。
⑤ 安全运行 采取必要措施，保证人员、产品的安全。
⑥ 成本控制 节约物料，杜绝浪费，降低成本。

现场是企业从事生产、销售及研发等生产增值活动的场所。现场管理，是指为了有效地实现企业的经营目标，对生产过程诸要素进行合理配置和优化组合，使之有机结合达到一体化,以达成质量优良、交货期可靠、成本低廉、产品适销对路的综合管理。

(2) 班组长现场管理的职责

① 生产控制

a. 执行每月生产计划:安排作业人员,使生产流畅;训练及协助作业人员的工作。

b. 准备每日的生产活动:点检机器设备、工具、零件和材料;执行主管所交付的工作任务;启动机器并确认其能运作正常。

c. 跟催作业:调查出现异常的原因;向主管报告;采取临时措施;设计永久对策;依指示协助主管。

d. 作业完成后的工作:准备下一班工作。如发现异常,要通知下一班人员。确认所管辖区域内的每一个开关均在"关闭"状态下。准备班组日报表。

e. 处理停线事务:调查外部停线事件。调查内部停线事件。确定原因及采取对策。

f. 准备新产品导入生产线:协助主管。学习新产品生产工艺和指导作业人员正确作业。

② 成本控制

a. 制定成本改进的计划:向主管提出口头意见及提案改进计划。准备并提出"成本降低计划"进度表。从事本单位内各项改善活动的协调,并请求其他协助改善事项(如新工具等)。监督及跟催成本降低的进展情况。

b. 降低人工成本:提出构想及协助上司以执行人工成本降低的措施。监督每月工数降低活动事项,并且跟催其进展情况。若未达成目标,则需研究其原因,并采取相应的行动。

c. 降低直接成本:记录原料、物料耗用量。研究原料、物料用量增加的真正原因及其对策。监督原料、物料实际耗用量与计划耗用量的差异。将超过原计划耗用量的原因及采取相应的对策写出提案。

d. 节约能源:确定有否泄漏之处,如气压、供水等,并采取措施阻止泄漏。在确定之后,再决定是否由自己来处置或寻求他人协助。监督作业人员在设备使用完后随手关闭电源。

e. 日常改进事务:做好改善的准备。准备监督工位数量改善的活动事项。依据问题的状况,给予改善活动的指示。协助主管指导班组人员改善工作。

f. 其他:与班组人员举行会议,说明成本降低的成果。把握每一个机会,以强化每一个作业人员的成本意识。

③ 质量控制

a. 维持和改进质量水平:对组内成员说明清楚质量现状水平、将要达到的目标及相应的要求。监督及控制流程的质量输入信息。分析原因,以及采取相应的对策。

b. 坚决贯彻"质量是制造出来的"的信念：检查每日生产的第一个和最后一个产品。执行定期检查，以防止不合格品发生；监督作业人员是否遵守作业标准工作。

c. 发现质量不合格时，能采取相应的对策：属于内部造成的不合格品，要修理好，并向主管报告及提出建议与对策。属于外部造成的不合格品，向主管报告，并请求修理的指示。

d. 其他：与组内成员每日开会，告知有关质量的问题，并加以讨论，同时还要评估组员的质量认知水准。

④ 安全运行

a. 认真执行各项制度，对违反工艺操作规程及安全生产规程的行为加以制止，直至停止其工作。

b. 做好本班组的安全运行工作，杜绝重大人身、设备、火灾、爆炸事故，并减少一般事故。

c. 一旦发生事故立即组织抢救，采取果断措施，防止事故扩大，并向有关部门报告。

d. 展开事故调查，进行事故分析，吸取教训。

(3) 班组长现场管理的权限

① 工作联络　有权代表车间（班组）与企业有关单位联系生产工作。

② 拒绝使用不合格原材料　有权拒绝使用不合格的原料、物料，但经总工程师批示的，应按批示执行。

③ 决定是否更换备用设备。在用设备发生故障时，有权决定换用备用设备。

④ 决定设备负荷的升降。在岗位操作所允许的范围内，并征得生产计划同意后，有权决定设备负荷的升降。

⑤ 有权拒绝抽调在班人员。有权拒绝抽调在班人员从事其他活动。

⑥ 异常现象停机处理建议。生产中出现异常现象，有权建议停机处理，经车间领导或生产计划同意后，按上级指示执行。

⑦ 临时调整轮班。有权临时调整本轮班的操作人员。

⑧ 监督按章作业。有权检查、督促各岗位工作，有权制止违章作业。

⑨ 批准班组人员的临时假。对本班组人员，有权按规定批准假期。

⑩ 奖惩建议。a. 对操作人员具有下列情况之一者，有权提出处理意见，并报告上级处理：违章作业不听劝阻者，不服从调动者，班前喝酒者，因病可能发生事故者。b. 有权向车间提出奖惩本班组人员的建议。

⑪ 召集班组活动。有权召集本班组人员开会或组织活动。

⑫ 现场管理。a. 有权制止无正当手续的人员进入车间。b. 在车间范围内，有权制止乱动设备的行为。c. 有权拒绝各种违反规定的要求和指令。

10.3.2 工具、辅料的管理

① 做好工具、辅料的领用记录工作。
② 实行工具领用负责制。
③ 工具、辅料需要定期清点,及时发现差异。
④ 制定工具、辅料的交接管理规定。
⑤ 制作工具、辅料的存放柜。
⑥ 易耗品需要以旧换新,并进行确认。

10.3.3 上下模工具的管理

上下模工具要分组配置,实行领用登记制度,防止丢失。否则会影响上下模的工作效率,延误生产时间,上下模工具应一次到位,制作上下模工具专用车,减少寻找工具的时间。如果上下模技工对码模块螺栓的力度掌控不当,套筒的长度过长或用力过猛的话,会造成注塑机前后模板螺栓孔严重滑牙,给模具安装带来困难并存在安全隐患。因此,对套筒的长度需要加以限制与管理,根据压模块螺栓直径的大小来合理规范使用不同长度的套筒。

10.3.4 注塑生产的量化管理

注塑生产的量化管理的作用:
① 用数据说话,客观性强。
② 工作绩效量化,易于实现科学管理。
③ 有利于增强各岗位工作人员的责任心。
④ 能够激发工作人员的积极性。
⑤ 可以与过去比较,科学制定新的工作目标。
⑥ 有利于分析问题点原因,提出改善措施。

以下为主要参数指标。
① 注塑生产效率大于90%,此指标考核生产制程控制好坏及工作效率,反映技术水平、生产的稳定性。
② 原材料的使用率大于97%,此指标考核注塑生产中原料损耗情况,反映各岗位人员的工作质量及原料使用控制的好坏。
③ 制件批次合格率大于98%,此指标考核模具质量和制件不良率,反映各部门人员的工作质量、技术管理水平及产品质量的控制状况。
④ 机器使用率大于86%,此指标考核注塑机停产时间的多少,反映机器、模具保养工作的好坏及管理工作是否到位。
⑤ 注塑件准时入库率大于98%,此指标考核注塑生产计划安排、工作质量、工作效率及制件入库的准时性,反映生产安排、生产效率跟进力度的

状况。

⑥ 模具损坏率小于1%，此指标考核模具的使用、保养工作是否到位，反映相关人员的工作质量、技术水平和模具使用及保养意识的高低。

⑦ 延误交期率小于2%，此指标考核制件延误交期次数的情况，反映各部门工作的协调性、生产进度的跟进效果和注塑部门整体运作管理的好坏。

⑧ 安全意外事故0次，此指标考核各岗位人员安全生产意识的高低、注塑部门对各级员工安全生产培训、现场安全生产管理的状况，反映责任部门对安全检查生产管理的重视程度及控制力度。

10.3.5 注塑生产的样板、文件资料管理

① 做好样板、文件资料的分类、标识与存入工作。
② 做好样板、文件资料的领用记录工作。
③ 列出样板、文件资料清单。
④ 做好样板、文件资料的发放、回收工作。
⑤ 制定样板、文件资料的管理规定。

10.3.6 注塑部门管理人员巡查工作内容

为了做好生产过程中的检查、监督工作，加大各项管理制度在实际工作中的执行力度，规范各级员工的工作行为，发现问题及时处理，确保生产顺利进行，各级管理人员、技术人员巡查工作内容如下。

① 巡查安全生产管理制度在实际生产中的执行情况。
② 巡查生产现场及各机台周边的6S状况。
③ 巡查各机台生产过程中的模具、机器、原料的使用情况。
④ 巡查各机台生产塑件的质量状况和产品包装情况。
⑤ 巡查各机台回料桶中废品量及桶内有无异物。
⑥ 巡查各产品的加工情况，加工方法，加工量的大小、效率。
⑦ 巡查各机台人手安排情况。
⑧ 巡查生产现场员工的劳动纪律状况及穿着整齐性。
⑨ 巡查各种机台产品的摆放方式是否正确。
⑩ 检查上、下模，拆卸喷嘴、螺杆等过程中的操作情况，是否正确及违规。
⑪ 检查模具开合模动作，顶针动作，产品脱模情况是否合理。
⑫ 检查车间内的一切物品，如纸箱、胶箱、吊车、包装材料、半成品等的摆放情况是否合理。
⑬ 巡查机器，模具的保养状况及接口设备的运行状况。
⑭ 巡查回料装满后，是否及时拉走，烘料桶是否及时加料。
⑮ 巡查生产过程中不良品情况，分析原因，提出改善对策。

⑯ 巡查各级员工的交接班工作情况。
⑰ 巡查各相关报表，确认数据记录的填写及时性、真实性和准确性。
⑱ 巡查生产现场、安全检查通道、机台之间通道是否畅通。

10.4 注塑模具的使用与管理

注塑模具是注塑生产的重要工具，模具状况的好坏直接影响产品的质量、生产效率、材料损耗、人员配备等。要想使生产顺利，必须做好注塑模具的使用、维护、保养及管理工作，主要管理工作内容如下。
① 模具的模号、产品名称要清晰。
② 做好试模工作，制定模具验收标准，把好模具移交过程中的质量关。
③ 制定模具的使用、维护、保养守则。
④ 合理设定开合模参数、低压保护及锁模力。
⑤ 建立模具档案，做好模具的防尘、防锈及进出厂的管理记录工作。
⑥ 特殊结构的模具应规定其使用要求及动作顺序，贴上模具动作顺序指示牌。
⑦ 使用合适的上下模具工作车及辅助设备。
⑧ 模具需要摆放在模具架或指定的卡板上。
⑨ 制作模具明细清单。

10.5 注塑车间安全生产管理

(1) 注塑车间的危险因素

① 注塑机的主要危险区域　注塑机是在强力、高速、高温、高压的条件下快速进行工作的，其射出机构均属高压、高速及局部高温的机器。注塑机主要危险区如下：进料区，此区域因有螺杆旋转，因此勿将铁棒或其他异物置入；料管护盖区，此区域为原料加热，温度极高且有电击危险；喷嘴区，此区域为原料高压射出之处，有喷溅之危险；模具区，此区域为模具高速且高压开关动作区，相当危险。此外，料筒内的熔料也可能会从模具合模面的浇口套处喷出，需特别小心；托模区，具有强力的机械动作，需特别小心；锁模机构，具有高速而强力的机械动作，需特别小心。

② 主要危险有害因素　机械性危险因素；热能伤害因素；电性伤害因素；有害物；环境因素；人的不安全行为因素。

③ 注塑机周边设备的危险有害因素　热风式料斗干燥机；全自动填料机；自动取出机（机械手）；塑料破碎机。

④ 注塑机械加工作业安全事故　由于注塑机工作的强力、高速、高温、高压特性，在设计时采用的安全保障通常较高。发生事故大多是操作失误或违反操作规

程所造成。

常发生的事故有以下情况：手被模具压伤；手被顶针压伤；排除故障或维修需要人体头部、手臂进入危险区域，但由于没有切断注塑机电源，没有关闭注塑机电动机，设备突然失灵而动作，导致人体某部位整体性被压伤；高温熔料飞溅；火灾事故；注塑机周边设备引起人体某部位压伤、烫伤、碰伤、金属划伤等。

(2) 注塑车间生产的安全管理

注塑车间生产安全管理是企业管理的重要任务，应当从厂房布局、安全消防、机械设备及管理制度等方面进行设计，为工厂生产、员工工作营造一个安全、舒适的环境。

① 在厂房布局、安全消防、机械设备配备方面应注意的安全事项。

a. 注塑车间内设备安装合理，布置整齐，消防通道醒目，可以方便塑料产品和原料的运输，可以方便消防车的出入。车间生产用的原料和产品要整齐地堆放在通道两侧，不允许阻塞消防通道，车间的消防工具和物品要摆放整齐，不允许随意移动，并按要求定期检查和更换。

b. 注塑车间内通风良好，不允许出现粉尘现象，更不允许有粉尘与气体混合浓度超标现象，这种情况遇有火花时容易引起爆炸。塑料树脂及增塑剂的挥发物在空气中超过一定的浓度时，对人体有害，要立即打开各通风装置，排除污染空气，车间用各通风装置及风机要定期清洁处理。

c. 注塑车间内照明要符合要求，生产和操作的现场要有符合要求的光照度。

d. 注塑车间内要有规章制度牌、警示标语，机械设备上有防护栏和警示，电气设备上有警示标牌和防护装置等。

② 在工厂管理方面应注意的安全事项。

a. 注塑车间内每台设备都由专人负责操作，并严格执行设备安全生产操作规程。

b. 注塑车间内生产时，不允许吸烟，不允许有明火，不允许堆放易燃易爆物品。

c. 进入注塑车间生产工作时要穿生产用工作服，车间内生产不允许有人打闹，不允许大声喧哗，外部人员不允许进入生产车间，如必须进入时应由车间负责人员带领出入。

d. 注塑车间内设备和电气必须由取得专业资质的专业人员进行维修。车间内起吊设备由专人负责操作，吊运操作时，吊车下不允许有人停留。

e. 车间内进行设备维修时，要尽量避免在车间内使用气爆、电焊。不允许用汽油清洗设备的零部件。如有必要，应设专人监护。

f. 车间内发生设备事故排除后，事故原因没有查清前，不允许继续生产。

(3) 注塑部门员工安全守则

① 安全操作规程

a. 工作前，必须穿戴好工作服、工作帽、手套等劳动保护用品。

b. 检查原材料是否合格，设备各种机构和安全门是否正常，有无漏电、漏油、漏水等现象。

c. 保持设备润滑良好，整理好工作环境。

d. 穿拖鞋、凉鞋及饮酒后均不得上岗，要求持证上岗，严禁无证作业。

e. 操作时必须使用安全门，没有防护罩或安全门失灵时，不准开机，严禁不使用安全门操作。

f. 非当班操作者，未经允许不得按动各手柄、按钮。

g. 安放模具、嵌件时要稳、准、可靠，合模过程中，发现异常应立即停机，排除故障。

h. 检修机器或模具时，必须切断电源。清理模具中的残料时，要用铜质等软金属材料。

i. 当人的身体进到模具内，一定要停机。维修人员修机时，操作者不准脱岗。

j. 对空注射时，操作者不能用手直接清理流出的熔融料，更不能将头部正对喷嘴口，以免发生意外。

k. 离开工作岗位，必须停机，停机需要将所有选择开关回零位后，停液压泵，切断电源，关闭冷却水，整理好环境。

② 注塑部门人员工作行为规范

a. 车间员工提前十分钟进行交接班（必须保证设备清洁保养符合要求后方可交接班）。

b. 车间提倡"下一道工序就是顾客"，上一道工序必须无条件接受下一道工序的合理工作要求，并协助其解决。

c. 严格遵守首件、中件、尾件三检确认制。

d. 当班人员随时保持各自工作区域环境卫生的干净、整洁，地面不得有纸屑、产品、料头等杂物，机台上不得有与生产无关的物品。

e. 服从上级的工作安排，如有安排不合理应及时向主管汇报，不得拒绝工作或恶语顶撞上级。

f. 入库人员必须在第一时间内把合格产品入库，并及时清点废品的数量。

g. 碎料员必须把当天的所有废品、料头及时粉碎，标明材质、颜色、重量，封袋后分类摆放整齐，并办理入库手续。

h. 加料员必须及时对所负责的机台进行添料，烘料筒清理干净、干燥机打开。

i. 停产时必须切断机器总电源，清理原材料，做到人离机停。车间各项表格必须按时如实填写。

(4) 周边设备的使用与管理

注塑生产过程中，所使用的周边设备主要有：模温机、变频器、机械手、自动吸料机、碎料机、烘料机等。对所有周边设备应做好使用、保养、管理工作，才能保证注塑生产的正常运行，其主要工作内容如下：

①对周边设备进行编号、标识、定位、分区摆放。②做好周边设备的使用、维护与保养工作。③在周边设备上贴挂设备的操作指导书。④制定周边设备的安全操作及使用管理规定。⑤做好周边设备的操作、使用培训工作。⑥设备出现故障时，需要挂上设备故障标示牌，并及时维修。⑦建立周边设备管理清单。

10.6　注塑生产成本管理

注塑生产达到"优质、高效、低耗"是每个企业追求的目标。如果注塑生产中控制、管理不到位，就会出现生产效率低、不良率高、机位人手多、料耗大、批量退货、人为损伤模具、压模、断螺杆、延误交期、修机/修模频繁、不良率高、废品多、原料浪费大甚至发生安全意外等情况，给企业造成巨大的经济损失，企业的利润就会大大减少，甚至出现亏损。

注塑成本是指生产过程中的全部耗费，包括：人工、电费、模具、原料、色粉、维修费、设备耗损、工具、包装材料及辅料等。影响注塑经济效益的不利因素主要有：注塑模具/注塑机保养意识低、回料控制不好、修模/修机次数多、机位人手多、各岗位人员职业技能低、工作质量差、生产效率低、调机时间长、分析问题/处理问题能力低、仅凭经验做事、观念落后、注塑技术/管理水平低、跟着问题后面跑、预防工作不到位、工作方法欠佳、原料混杂、废品多、生产周期长、型腔堵塞、排机不当、欠单/超单生产、退货返工、修模/改模次数多及培训工作不到位等。

下面列出部分因素与成本的关系案例分析，虽稍偏向于理想化，但通过案例的分析，可让从业人员对生产成本有深刻认识。

(1) 周期与生产成本的关系

注塑周期在保证产品质量的前提下越短越好，注塑周期越短，生产数量越多，单位产品的制造成本就越低。注塑周期包括：射出时间、保压时间、冷却时间（熔融时间）、开模时间、顶出时间（含停留时间）、开门时间、取货时间、关门时间及合模时间等总和（特殊情况还包括射台前进/后退时间和喷脱模剂时间）。

缩短注塑周期最主要的方法有：减小前期产品开发的塑件壁厚/流道尺寸（以缩短冷却时间）、减少开合模的距离/顶针行程、快速取出产品、机械手操作、加快开/关安全门的速度、减少制件粘模现象、正确选择冷却时间、合理设定开/合模速度及顶针速度/次数等。

实例分析：某塑料件（一出四）的标准注塑周期时间为24s，如果实际注塑周期延长到28s，以一天生产时间为23h计算，其经济效益分析的结果如下：

标准日产量为：$23×4×(3600÷24)=13800$（只）

实际日产量为：$23×4×(3600÷28)=11829$（只）

一天的产量就会减少 1971（只），就相当于一天减少 3.3h 的生产时间，生产该塑料件的制造成本就会增加 $(3.3÷23)×100\%=14.3\%$。

如果某企业有 80 台注塑机，一台机每小时的加工利润为 50 元，每天每台注塑机就会减少利润为：$50×14.3\%×23=165$（元）。

该企业每月的经济损失为：$80×165×30÷10^4=39.6$（万元）

该企业一年的经济损失为：$39.6×12÷10^4=475.2$（万元）

可见注塑周期对企业的利益有着很大的影响，如何在这方面去做改善与提升，就需要企业的技术人员或专家努力钻研了。

(2) 型腔数与生产成本的关系

每个注塑企业在对客户报价时，通常都是以总型腔数来计算产量和制造成本的；如果在注塑生产过程中，因技术人员不慎损伤了某个型腔或某个型腔品质不良需堵塞生产，就会造成注塑生产成本明显增加，利润减少，甚至出现亏损现象。

实例分析：某塑料件的订单为 30 万只，每只利润为 0.05 元，生产中型腔数为一出八，因注塑技术人员不慎弄伤了一个型腔，需堵塞该腔生产，注塑周期为 20s，一天按 23h 生产时间计算。其经济效益分析的结果如下：

标准日产量为：$23×(3600÷20)×8=33120$（只）

实际日产量为：$23×(3600÷20)×7=28980$（只）

30 万产量的标准生产天数为：$300000÷33120=9.06$（天）

实际生产天数为：$300000÷28980=10.4$（天）

标准每天利润为：$0.05×33120=1656$（元）

完成该订单的生产需多花 1.34 天的时间，利润减少为：$1.34×1656=2219$ 元。

该塑料件的生产利润就会变为：$0.05×[1-(33120-28980)/33120]=0.043$（元），是原来利润的 87.5%。可见模具的型腔数越多的话，对于注塑生产的成本的降低和利润的提升就会有越大的影响，模具技术对于注塑生产过程中的重要性也就体现出来了。

(3) 不良率与生产成本的关系

"废品是最大的浪费"，如果注塑生产过程中出现不良率高、塑料件报废量大或退货现象，则原料、电费、人工、设备损耗（不含其他方面的费用）等的损失就会很大。

实例分析：某塑料件（一出二），单件重量为 30g，塑料原料价为 20 元/kg，注塑利润为 0.08 元，生产过程中的不良率为 10%，注塑周期为 25s，每天生产 23h。其经济效益分析的结果如下：

每个产品的原料成本为：$20×30÷1000=0.60$（元）

一天的生产数量为：$23 \times 3600 \div 25 \times 2 = 6624$（只）

若一台机每天的电费、人工费及其他费用需1000元，每个制件的加工费用平均为：$1000 \div 6624 = 0.15$（元/只）

10%不良率一天所造成的损失为：$662 \times 0.60 + 662 \times 0.15 = 496.5$（元）

一天生产所得的利润为：$(6624 - 6624 \times 10\%) \times 0.08 = 477$（元）

一天生产的实际利润为：$477 - 496.3 = -19.34$（元）

即：每台注塑机每天亏损19.34元（不包括模具/机器损耗及场地费）。100台注塑机的企业，一年的经济损失为：$100 \times 360 \times 19.34 = 69.6$万元。如果一个企业通过技术人员及行业专家把产品的合格率提升上去，产品的竞争优势就体现出来了。

(4) 模具保养与生产成本的关系

模具保养工作如果做不到位，生产过程中就会经常出现模具故障，需频繁停产、下模、维修模具，既影响生产的顺利进行和制件质量的稳定，又会给企业造成经济损失（如：模具维修费、塑料原料/电耗、人工费及机台停产的损失等）。

统计分析平均每次维修每套模具的维修费为350元，塑料原料/电的浪费为100元，上下模的人工费为50元，机台停产损失的费用为200元（共约700元左右）。注意大模具的费用会高很多，以上的平均费用指的是中小型模具。

实例分析某一注塑车间100台机，平均每台机生产中一个月修模次数为4套（次），其经济效益分析的结果如下：

一个月模具维修所造成的经济损失为：$4 \times 100 \times 700 \div 10^4 = 28$（万元）

一年所造成的损失为：$12 \times 28 \div 10^4 = 336$（万元）

因此，我们每个注塑技术人员一定要增强模具保养意识，合理设定锁模力、开合模速度、顶针参数，正确设定低压保护参数，在注塑生产过程中对模具做好清洁、润滑、保养和防锈工作。当然前期模具设计的合理性也是很重要的，注塑生产时要根据实际情况，也可以对模具结构进行修改、优化。

(5) 原料控制与生产成本的关系

根据统计，大型塑件的成本中原料费占70%~85%，中型塑件的成本中原料费占50%~65%，小型塑件的成本中原料费占30%左右。原料成本是注塑生产成本的主要部分，注塑生产过程要加强回料、废品、料头及原料的控制；注塑生产中造成原料损耗的环节有：混错料、用错色粉、超单配料、回料混杂、打错料、加错料、烘料结块、烘料桶没有彻底清理干净、原料污染、不良率高、调机时间长、料头未分类处理（压扁回用）、修机/修模造成的开停机、生产排机不当、生产中频繁调换机台、补料生产、长时间处理问题、回料分类不彻底、试模次数多及喷嘴漏料等。

根据注塑成本统计分析，转换一套模具生产平均损耗2kg原料，原料平均价格为 20 元/kg，每转一套模（包括转料、转色、补啤、更换原料、修机/修模、试模、转换机台等的转模）最低损失原料费 40 元。用错料（包括：混错料、用错色粉、打错料、加错料、超单生产、超单配料、原料污染、回料混杂等）每包料平均成本为 500 元，有些特殊的工程塑料价格高达 100 元/kg（每包原料成本为 2500 元）。

实例分析：某企业有 100 台注塑机，在生产中每台机一个月内平均转模（指修模、修机、换料/色、更换机台等）10 次，其经济效益分析的结果如下：

一个月浪费的原料成本为：$100\times30\times10\times40\div10^4=120$（万元）

一年所造成的原料浪费高达：$120\times12=1440$（万元）

上述还不包括其他方面（如：用错料、退货、回料混杂、打错料、加错料、超单补料、原料污染等）所造成的原料损失。

如果一个 100 台注塑机的企业，每台机平均每天损耗 1kg 原料，则一年所造成的原料损失为：$100\times1\times20\times360\div10^4=72$（万元）。

因此，注塑车间所有的工作人员都要增加节约原料的意识，加大对原料的管理和控制力度，提高各岗位人员的工作质量和工作责任心，减少注塑生产中各个环节所造成的原料浪费，为企业创造更多的利润。

(6) 注塑机保养与生产成本的关系

注塑机是注塑生产的关键设备，约占注塑部门总投资的 60%；注塑机的保养工作如果做不到位，就会出现机铰磨损、断螺杆头、断哥林柱、喷嘴漏料、液压油污染、油管漏油、油压系统故障、电子元件烧坏（或寿命减短）、料筒内壁/螺杆损伤、止逆环损坏、机械零件损坏、停产修机频繁、机器利用率低、维修/更换零件费用昂贵、工艺条件不稳定、生产中不良率高（报废量大）、生产效率低及注塑机使用寿命缩短（约 2～4 年）等问题，造成浪费大，成本高。

实例分析：某注塑企业有 100 台注塑机，所有注塑机的平均价格为 35 万元，平均每台机一年出现一次维修故障，每次维修费为 1500 元，如果注塑机润滑保养工作不佳，造成注塑机平均使用寿命缩短 1.5 年，其经济效益分析的结果如下：

注塑机一年所需的维修费为：$100\times1500\div10^4=15$（万元）

注塑机使用寿命减短，所造成的成本损失为：$1.5\times100\times35=5250$（万元）

若以 10 年使用寿命计算，每年损失为：$5250\div10=525$（万元）

上述浪费中，还不包括产品质量的不稳定造成不良品增多、修机停产、更换液压油、机器大修、更换螺杆/料管及其他方面所造成的浪费。因此，注塑技术管理人员要增强注塑机的保养意识，预防机器出现故障，做好注塑机的使用/润滑/保养工作，延长其使用寿命，降低成本。

(7) 品质与生产成本的关系

"产品质量是企业的生命"，塑料件退货和不良率高是最大的浪费，既影响企业声誉，又会给企业造成极大的经济损失。如果注塑生产中产品质量控制不好，就会出现不良率高、废品多、产量低、退货返工、延误交期等情况，甚至会丢失客户订单，导致企业的竞争力下降。

实例分析：某注塑企业，生产一个透明电器制品的底壳时（较大），因斜面螺钉柱方向在修模时装反，结果两周（14天）时间生产的塑料件报废，每天注塑加工费为2500元，原料损失总共为100包，每公斤的材料成本20元，每包塑料材料为25公斤，其经济效益分析的结果如下：

原料损失费为：$100 \times 25 \times 20 \div 10^4 = 5$（万元）

加工费损失为：$2500 \times 14 \div 10^4 = 3.5$（万元）

该单由于延误交期，成品需空运到国外，多付15万元的空运费，总共造成的损失为：$5+3.5+15=23.5$（万元）

如果组装产品退货、客户取消订单，所造成的经济损失更大。"优质产品是生产制造和管理出来的"，注塑部门各岗位人员均需增强品质意识，通过提高工作质量来提升产品的质量，减少退货风险，降低成本。

（8）注塑机操作人员与生产成本的关系

现代的企业面临着"民工荒"的时代，招工困难。过去有的企业错误地认为注塑行业是劳动密集型行业，使用大量的注塑工人来进行后加工处理。但只要产品/模具设计科学合理，且注塑生产的自动化程度高，注塑生产是完全可以实现无人化作业的。

减少操作人员的措施主要有：优化产品设计、改善浇口形式、利用热流道模具结构、使用机器人、采用高效的工装/夹具、减少后加工量、减少不必要的动作、保护模具（以免产生披锋）、改进加工工具、规定后加工的量化指标、加强操作培训、使用熟手工人、改进加工流程和方法、改良包装方式等。

实例分析：有50台注塑机的企业，改善前每台注塑机的平均人手为2.2人，通过6个月的系统改造和培训/提升后，现在注塑机位平均人手为1.3人，其经济效益分析的结果如下：

现在该企业注塑工人（两个班）数量为：$50 \times 1.3 \times 2 = 130$（人）

改良前该企业注塑工人（两个班）数量为：$50 \times 2.2 \times 2 = 220$（人）

改良后企业所减少的人手为：$220-130=90$（人）

按每个工人的平均费用（含吃、住、水、电及工资等）为3000元/月计算，该注塑企业一个月减少的人工费：$90 \times 3000 \div 10^4 = 27$（万元）

一年则可以节省人工开支：$12 \times 27 = 324$（万元）

可见，通过提高注塑技术/管理水平，减少操作人员，对提高经济效益，减少人工开支，是注塑企业降低生产成本的有效途径之一。

（9）员工培训与生产成本的关系

目前，大多数注塑企业的从业人员（如：产品结构设计工程师、模具设计工程师、模具制造人员、试模工程师、注塑技术管理人员及品质工程师等）的职业技能偏低（与国外相比），专业知识缺乏，企业对相关人员进行注塑专业技能知识的培训较少。长期以来，注塑技术、管理人员学习专业知识和提升能力的机会较少，其分析、处理问题的能力欠佳，不擅于从塑料性能、产品结构、模具结构、注塑机性能及注塑工艺条件等因素进行综合分析注塑缺陷和生产中出现的问题，仅凭经验做事，盲目调机。

如果企业的注塑技术、管理水平低，注塑生产中就会出现：生产效率低、不良率高、机位人手多、料耗大、批量退货、试模/改模次数多、人为损伤模具、压模、断螺杆头、延误交期、模具/机器的故障多及安全生产意外等诸多问题，给企业造成巨大的经济损失，导致生产成本高、企业的竞争力下降。培训是企业成功的秘密，也是回报率最高的投资。

实例分析：某注塑企业有 62 台注塑机，过去平均生产效率仅为 82%，不良率平均高达 8%，材料损耗平均为 6%；2003 年聘请技术管理公司对该企业的注塑人员进行系统培训，并进行为期一年的顾问改善后，在 2004 年对其进行跟踪和评估，生产效率提升到 89%（增加了 7%），不良率平均降到 4%（下降了 4%），料耗平均为 3%（减少了 3%）。其经济效益分析的结果如下。

生产效率提升 7%，一年所增加的利润为：$62 \times 7\% \times 30 \times 1500 \times 12 \div 10^4 = 234$（万元）

不良率下降 4%，统计每天每台机增加的利润为 40 元，一年所增加的利润为：$62 \times 40 \times 360 \div 10^4 = 89.3$（万元）

料耗减少 3%，统计每天每台机增加的利润为 60 元，一年所增加的利润为：$62 \times 60 \times 360 \div 10^4 = 133.9$（万元）

仅上述三项（生产效率、不良率、料耗）方面的改善，一年就为该企业增加了 457.2 万元的经济效益。

(10) 其他方面对生产成本的影响

①试模/改模次数多；②不合理的人员编制；③欠单或超单生产；④生产排机不当；⑤仅凭经验做事（盲目调机）；⑥产品/模具设计不合理；⑦错误的做事方式；⑧辅助物料的控制；⑨"救火式"的管理（跟着问题后面跑）；⑩思想观念落后（不愿学习新的知识）。

10.7 注塑部门生产相关的主要参考表格

为了使刚入门人员能够更好地了解企业的相关生产用的表格，下面提供表 10-2～表 10-11 所示注塑部门的常用参数表格学习参考，实际工作中可根据企业的情况，进行调整完善。

表 10-2 注射成型参数表

公司名称									文件编号			
机台/机型									版码		共1页 第1页	
模具编号		材料厂家及牌号							页码			
模穴		零件名称及图号		色粉颜色及编号 色粉配比					周期/s 冷却时间/s 燃料温度/℃ 烘料时间/h 斗干燥机容量/kg			
熔融温度/℃	1段	2段	3段	4段	5段	6段	7段		速度/%			
	位置/mm	压力/MPa	速度/%	时间/s			压力/MPa	毛重/g 水口重/g 净重/g				位置/mm
射出	一段							关模一段				
	二段							二段				
	三段							三段				
	四段							低压				
	五段							高压				
	六段							开模一段				
保压	一段				合模			二段				
	二段							三段				
	三段							四段				
	四段							减速				
转保压方式	□时间 ■位置			开模				托模一段				
储料	一段							二段				
	二段				背压			托模退				
	三段							托模种类				
	射退	□时间 □行程			托模			螺杆型号				
中子	中子功能	□使用						模具尺寸/mm	长(300)		宽(300)	高(281)
	中子控制	□使用	功能	模具				前模	□常温水	□冻水(℃)		□模温机
	中子A进	□使用	气压/MPa					后模	□常温水	□冻水(℃)		■模温机
	中子A退											
	中子B进											
	中子B退							备注				
辅助设备	夹具	■不用										
	机械手	■不用										
热流道温度/℃	1区( )	2区( )	3区( )	4区( )				产品信息	物料号	材料	产品颜色	色粉
绞牙	■不用	□使用	绞牙圈数	0.55~0.75								

备注：
编制 审核 批准
日期 日期 日期

表 10-3 注塑产品报价表

序号	产品名称	单重/g	水口重量	损耗重	材料型号	材料单价	材料费	废料回收	机台规格	机台费/天	日小时数	成型周期	出模数	日产量	加工费	表面处理	包装费	运费	合计

表 10-4 注塑成本分析利润表

客户	机台品名	模穴	周期/s 计划	周期/s 实际	产品单重/g	标准产量/h	计划22实际生产/天	实际产量	产能 良品数量	产能 不良品	生产率	良品率	原材料品名	原材料单价	实际用料/元	标准用人	实际用人	正班时间	加班时间	实际开机时间	机台人工	注塑报价	产值	利润

表 10-5　注塑作业指导书

注塑作业指导书						文件编号	
						版号	
						页码	
产品名称		产品型号		产品材质	色母编号	模具编号	每模总重
零件名称				产品颜色	色母配比	模穴数	产品净重
作业操作步骤：							
包装方式及要求：		装箱数量					
		名称	型号规格 mm	数量			
产品质检要点及注意事项：							
				编制	审核		
标记	处数	更改文件号	签字	日期	日期		

表 10-6　配料记录表

配料记录表								
序号	日期	材料名称	颜色	原材料	水口配比%	重量/kg	责任人	备注
1								
2								
3								
4								
5								
6								
7								
8								
9								
10								
11								
12								
13								
14								
15								

表 10-7 模具保养点检记录表

模具保养点检记录表

模具名称		模具编号			模穴		检点说明	客户		文件编码		备注
序号	检点项目	1次	2次	3次	4次	5次	6次	7次				
1	模具表面是否有喷防锈											
2	模具运水是否畅通											
3	顶针顶出是否顺畅无异常											
4	模具前模是否良好无异常											
5	后模顶杆是否有强退复位装置											
6	模具分型面是否有杂物											
7	定位导柱是否有磨损拉伤											
8	滑块推行是否顺利											
9	模具各项标示是否清楚											
10	其他检点											

"√"表示:良好　"○"表示:维修　"×"表示:异常

制表:　　　　　　　　　　　　　　　　　　审核:

表 10-8 注塑日产公示栏

注塑日产公示栏

机台号	班别	员工	客户	产品名称	颜色	周期	模穴	原料	标准产量(时)	开机时间	开机计划量	实际开模数	实际产量	良品数量	生产率	良品率	备注
	白班																
	夜班																
	白班																
	夜班																
	白班																
	夜班																
	白班																
	夜班																
	白班																
	夜班																
	白班																
	夜班																

表 10-9 修模申请单

修模申请单

模号		穴号		模具名称	
客户名称		品名		料号	
送修时间		接模时间			
预计完成时间：人为 □ 自然 ■ □机动		实际完成时间		其他 □	

模具维修原因（□满单 □重复 □新机种 附带样品）：需求完成日期：

一：修模 修模说明：处理方案（模具部）：

模具部

效果确认：	品质确认：□OK □NG	签名：
	成型确认：□OK □NG	签名：
	模具部：	尺寸显示图标：

审核：

核准：

表 10-10 设备点检表

设备维护点检记录

设备名称：注塑机及周边设备　　　　　设备编号：ZS-　　　　　年　月

频率	检查项目	1	2	3	4	5	6	7	8	9	10	11	12	13	14	15	16	17	18	19	20	21	22	23	24	25	26	27	28	29	30	31
每日	各设备运转是否正常,有无异常声音、振动																															
	各零部件是否松动、异常破损																															
	各种安全、警报装置是否正常有效																															
	各温度、仪表、油位等是否正常																															
	各油管、气管、水管、电线等是否有破损																															
	是否有漏电、水、气、油,料及粉末等现象																															
	模具分型面是否清洁以及各活动部位润滑																															
每周	设备本身及周边是否有不相关的物品及表面清洁																															
	电气控制箱内/油箱上的空气过滤器清扫																															
	电气控制箱内的散热风扇或过滤纱布是否清理或更换																															
	料斗及吸料机的过滤网是否堵塞,有无异音																															
	液压油净化装置是否堵塞(压力在0.4MPa以上)																															
	模具安装板及表面有无磕伤和生锈,螺钉螺牙有无破损																															
	喷嘴、顶出,注射各系统加油部位润滑状态确认																															
	锁模检查有无松动、料筒安装螺栓有无松池																															

异常简述

点检/保养人

说明：
1. 设备保养员在每日下班前应对设备进行维护和点检,正常打"√",异常打"×",并在备注栏内注明异常情况且及时汇报进行处理;
2. 每周点检或维护时的时间定在每周五进行,每月的维护或点检时间定在最后一周的星期五进行;
3. 由注塑部技术员负责点检保养,当班领班监督;
4. 当日不使用的设备可不进行当天的维护点检工作,但需注明未使用。

表 10-11 模具日常点检卡

模具日常点检卡

车间		注塑车间		机台编号																						
序号	点检内容		点检标准		日期																					
					白	夜	白	夜	白	夜	白	夜	白	夜	白	夜	白	夜	白	夜	白	夜	白	夜	白	夜
1	非热流道的二板、三板模具流道、浇口套清理		非热流道的二板、三板模具流道、浇口套上无胶丝、胶碎等异物																							
2	分型面清理		分型面上无胶丝、杂质等异物																							
3	顶出机构、模具滑动部位检查		顶出顺畅，模具滑动部位有润滑油																							
4	斜导柱检查		斜导柱擦拭干净，润滑正常																							
5	导柱、回针、滑块导轨斜压面、止口面检查		导柱、回针、滑块导轨斜压面、止口面润滑正常																							
6	滑块动作检查		滑块动作灵活，润滑正常																							
7	浇口取出方式检查		使用机械手的模具，机械手已夹住浇口																							
8	行程开关检查		行程开关无损坏，接触线路正常																							

点检人：

特别项记录：

故障处理情况：

部门签字：

说明：
1. 要求技术员每班对模具按点检内容进行点检，并做好点检记录；
2. 每班认真做好模具日常保养，确认模具无异常才能使用。
3. 在模具使用过程中，发现异常应及时自理如整排除者不能排除的故障报相关人员通知模具维修人员检修。

记录符号：完好"√"，异常"△"，待修"X"，停机使用"□"。

第 11 章 注塑品质管理

11.1 产品质量基本知识

11.1.1 产品质量的定义

质量是反映实体满足明确的或隐含需要的能力特性总和。这里质量不仅指产品质量，也包括过程质量和服务质量，它是基于产品用户的适用性。

(1) 质量概念的分解

① 产品的设计质量　计划赋予产品质量水平的高低，以产品规格表示。

② 产品的制造质量　生产制造过程中每个具体产品符合产品规格的程度。

③ 产品销售服务质量　使用中的产品符合预先考虑的销售份额及维护服务等的程度。

质量阶段定义如图 11-1 所示。

(2) 质量的适用性

① 性能　产品的技术特性和规定的功能。

② 附加功能　为使顾客更加方便、舒适等所增加的功能。

③ 可靠性　产品完成规定功能的准确性和概率。

④ 一致性　符合产品说明书和服务规

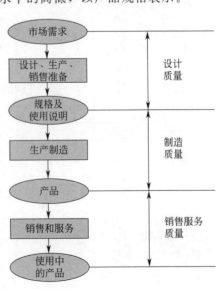

图 11-1　质量阶段定义

定的程度。

⑤ 耐久性　达到规定使用寿命的概率。
⑥ 维护性　是否容易修理和维护。
⑦ 美学性　外观是否具有吸引力和艺术性。
⑧ 感觉性　是否使人产生美好联想。

11.1.2　产品标准和要求

（1）产品标准

产品标准是对产品的结构、规格、质量和检验方法所作的技术规定。是一定时期和一定范围内具有约束力的产品技术准则，是产品生产、质量检验、使用维修和洽谈贸易的技术依据。

质量标准是产品标准中有关质量方面的要求。质量标准分为行业标准、国家标准、国际标准和企业标准。凡符合质量标准的，称为合格品、优等品、一级品、二极品；不符合的称为废品、次品等。

（2）产品要求

① 外观要求　每一类的产品都有其自身的特点，产品使用地点和产品的档次将决定产品的外观要求，所以每一类产品对各自的外观要求标准也不尽相同。

② 功能要求　塑料件用到不同的行业，对于塑料件的性能、安全、老化、装配的可靠性要求都不尽相同，所以任何一个塑料件产品，都需要清楚了解产品所在的行业，再选择需要进行的测试项目。当然测试项目不是越多越好，测试项目过多不仅浪费测试成本，而且也会延长产品开发周期，影响项目投入市场的时间。

塑料产品用途不同，产品性质不同，对塑料产品所使用材料、外观要求、功能要求都不尽相同。比如说：室外天线塑料类产品就对抗紫外线有要求，产品在照射下是否会发生变色或分解？从装配方面考虑，如果使用了自攻螺钉的话，螺钉柱在锁紧过程中是否会开裂而造成失效？对材料的抗冲击性或韧性就得有要求，所以在选择塑料材料方面就得往这方面去考虑。我们也需要考虑成本因素，这类型产品对于外观方面就不会像通讯类产品一样有较苛刻的外观要求。

11.2　塑料产品外观检测

11.2.1　塑料产品外观等级划分

塑料产品一般划分为三个等级面。不同等级面对品质的检测要求有较大的差异。

① 一级面　产品组装后暴露在外，而且正常使用时可直接看到的主要外表面，要求有最佳的外观质量。简单的描述就是：当你拿到这个产品时，第一眼所见的

面，比如产品的正面。

② 二级面　产品组装后，暴露在外，且正常使用时并不直接看到的次要外表面，要求有好的外观质量。如产品的侧面、背面等。

③ 三级面　产品组装后，正常使用中看不到，只有在装拆时才看到的内表面或遮盖面，如打开外壳后可看到的内表面、电池盖背面等。螺钉锁死或防拆标签封装的表面，以及通过破坏结构件看到的表面，不在三级面定义内，其外观要求以满足功能及机械可靠性强度为准。

11.2.2　测量条件及环境的要求

测量条件和环境对于产品的质量有很大的关联性。为了便于操作和在行业中形成一致的检验标准，每个行业对于产品的测量都有行业标准，当然也可以根据产品的差异性，对产品的检验标准进行一定的调整。以下测量标准仅供参考。

距离：人眼与被测物表面的距离为300～350mm。时间：每片检查时间(10 ± 5)s。位置：检视面与桌面成45°，上下左右转动15°。照明：光源距被测物表面500～550mm，照度达800～1200lx。环境温度：+15℃～+35℃（部分测试项目的环境要求以标准描述为准）的环境相对湿度：40%～60%。

11.2.3　塑料产品检测标准

塑料产品的外观出现问题在整个行业是存在较多的，在这里就简单介绍一些常见的外观检测标准，给读者一个标准的认识，真正在工作中，会接触到更多、更复杂的问题。塑料产品的外观问题因产品类别不同而存在较大的差异，所以判断标准也有较大的不同。表11-1所示为部分外观检测标准，仅供参考。

表11-1　外观检测标准

检验项目	检验标准		接受极限数		
	宽度(W)/mm	长度(L)/mm	重要面	次重要面	内部面
飞边	不影响装配 $L\leqslant 1$	不影响装配 $W\leqslant 0.1$	不允许	不允许	1
	不影响装配 $1\leqslant L\leqslant 2$	不影响装配 $0.1\leqslant W\leqslant 0.5$	不允许	不允许	0
顶白	—		不允许	不允许	按限度样板接收
拖伤	—		不允许	不允许	按限度样板接收
缩水			按限度样板接收		
缩痕、走料不齐、划伤、模印、气纹	重要面在自然光线下，于25cm处应见不到缩水痕、夹水纹等缺陷，内部面在不影响装配和功能且贴纸可以遮住的情况下，上述缺陷可按正常物料进行使用				

注：重要面为一级面；次重要面为二级面；内部面为三级面。

喷油塑料外壳的外观缺陷判定标准如表11-2所示。

表 11-2 喷油塑料外壳的外观缺陷判定标准

项目	检查面	接收限度	备注
同色点	主外观面	$L \leqslant 0.2\text{mm}$,2 个	杂色点需远离商标 20mm 以上,同色丝印文本 10mm 以上,宽度$\leqslant 0.2\text{mm}$;2 个间距大于 50mm
	次外观面	$L \leqslant 0.3\text{mm}$,2 个	
	非外观面	$L \leqslant 0.6\text{mm}$,2 个	
异色点	主外观面	$L \leqslant 0.2\text{mm}$,1 个	
	次外观面	$L \leqslant 0.3\text{mm}$,1 个 或 $L \leqslant 0.2\text{mm}$,2 个	
	非外观面	$L \leqslant 0.5\text{mm}$,1 个 或 $L \leqslant 0.3\text{mm}$,2 个	
划伤/碰伤	主外观面	$L < 2\text{mm}, W \leqslant 0.15\text{mm}$,1 条	$DS \geqslant 20\text{mm}$
	次外观面	$L < 3\text{mm}, W \leqslant 0.15\text{mm}$,1 条	
	非外观面	$L < 4\text{mm}, W \leqslant 0.15\text{mm}$,1 条	
飞边、飞油、堆油、缩水纹		在不影响装配且距离 30cm 很难看出来,需要在某一固定的角度才能看出来的,可以接收;严重的按限量样板接收	

丝印外观检验标准如表 11-3 所示。

表 11-3 丝印外观检验标准

不良项目	判断标准
文字粗细不均	笔画的粗细差别超过标准宽度文字线粗的 1/5 判不合格
文字外侧污点或印刷飞边	飞边长度 $a > 1/3$ 字高,边长度 $b > 1/3$ 字高判不合格
文字偏离中心	中心偏离值 $\Delta > 0.3\text{mm}$ 判不合格
文字倾斜	$> 3°$ 判不合格
丝印溅点、针孔(应在无印刷的区域出现点状油墨)	溅点、针孔的直径 $D < 0.2\text{mm}$,限 1 个为合格
丝印重影、指纹	二次丝印的整体错位、丝印文字留有指纹判不合格
丝印表面异物(线屑、印迹)、色薄(颜色深浅)	250~300mm 目视距离分辨明显判不合格
文字、商标	文字锯齿、商标丝印不良或错误判不合格
文字断线、残缺、边角漏印、模糊、积油、多画、少画等	不允许

塑料产品检验可按如下步骤进行。

① 尺寸测量　按照受控图纸要求,图纸标注尺寸要有喷油前后的区分。若图纸标注的尺寸为喷涂前尺寸,则上下公差应在喷涂前尺寸基础上,加减对应涂料层的漆膜厚度。

② 试装　配套相应外壳、配件,要求配合良好,错位度(即起级、刮手)$\leqslant$ 0.15mm(某些机型有特殊性要求时按特殊标准),离缝偏离正常不得大于

0.15mm,运动部位(如转轴部位)不允许有干涉、阻力。且塑料外壳在试装后,扣位及其他受力部位无脆断现象。

③ 螺母检验项目及要求　螺母扭力测试:当对应螺栓规格为 M1.6 时,扭矩≥1.5kgf·cm(1kgf·cm=0.098N·m);当对应螺栓规格为 M1.4 时,扭矩≥1.2kgf·cm;当对应螺栓规格为 M1.2 时,扭矩≥0.8kgf·cm(检测时须将对应两个塑料外壳组装在一起进行检测,直到扭力计响五次为止)。螺母的螺纹用通止规通端旋入深度为螺母长度的 3/4 以上。螺母拉力测试:拉力≥5kg,并在出货检验报告中体现测试结果。对使用自攻螺钉的塑料外壳,使用电批打螺钉测试螺钉柱的强度,要求按照实际的装配状态装好其他对测试结果产生影响的物料,电批的参数设定根据具体项目的要求定义。图纸对螺母检验有特殊要求时,按图纸要求进行检验。

④ 熔接线强度破坏性试验　用 120°的检具对熔接线处作 120°弯折,均匀加力,正面顺折一次,无脆断现象为合格,对于面积小不能弯折的部位及受力扣位,用手指压熔接线处,无脆断为合格。

上述检查项目可以检查到所使用材料的性能是否能够达到产品要求,同时也可以检查到注射成型工艺的正确性。相关产品检测项目和标准如表 11-4 所示。

表 11-4　塑料产品检测项目和标准

类别	项目	检验标准	测试对象	主要目的
注塑产品	抗冲击测试	测试后产品无脆裂	注塑件	验证材料的性能
	紫外线测试	产品表面不出现异常则为合格;产品表面出现褪色、变色、纹路、开裂等为异常	注塑件	测试注塑件抗紫外线的能力
	CCl_4 浸泡测试	制件出现断裂,螺柱处有断裂,有块状崩落;螺柱处有裂纹,但不完全断开,也没有块状崩落	注塑件	产品的装配功能件强度的验证
丝印产品	附着力测试	不允许丝印位置有脱落不良现象	丝印件	验证涂料的黏性
	耐醇性测试	按产品标准测试,表面无异常为合格	丝印件	验证涂料的耐磨性
	耐磨性测试	允许字体有轻微的磨损及褪色	丝印件	

11.2.4　塑料产品主要检测工具

① 游标卡尺:这种测量设备有普通刻度型和数显型号两种,规格由 150~1000mm 不等。游标卡尺的测量精度一般为 0.01mm,比较直观,可以快捷测量产品直线性的尺寸。测量过程中,由于每个人的测量手法、测量力度存在差异,所以不同的测量技术人员测量出来的结果有细微不同,该工具适用于普通类型的产品。对于客户要求高、精度高的产品,为了减少人为的误差,尽量使用投影测量仪。

② 高度尺：高度尺与游标卡尺有相同之处，这种测量设备主要是用来测量产品的高度。根据读数不同，可分为普通游标式和电子数显式两大类。常用的规格有：0~300mm，0~500mm。

③ 塞规：主要用来测量产品的变形、产品组装后之间的间隙大小。

④ 色差仪：主要用于塑料、印刷、涂料油墨等行业的颜色领域，测量显示出样品与被测样品的色差值。当客户对颜色有要求时，客户会给出一个颜色偏差范围值，产品只要在范围值内，都是合格的。

⑤ 标准光源箱：是能够模拟多种环境灯光的照明箱，常用于检测产品的颜色。在规定的标准光源下，方可对比检查产品的色差，特别是对于无法使用色差仪检查的产品，比如体积小、形状怪异的。

⑥ 专用检具：为更快捷地检查产品，通常制作一些专用检具用于生产过程的工作自检和检验员的检测，如用来检测轴孔是否偏芯的检具、检测汽车内外饰塑料件装配间隙和断差的检具等。

11.3 测试项目

塑料产品很少直接交货给客户，很多情况下都会进行后工艺处理，比如喷油、丝印、电镀。所以针对塑料产品的测试会伴随着相关工艺方面的测试项目。下面就介绍一些常用的测试项目，让读者有对于概念的思考，也可根据公司和客户的实际情况，制定公司内部的测试项目标准（针对具体某个项目）。

11.3.1 附着力测试

试验目的：测试涂料涂层、丝印/激光标志（logo）表面处理层之间以及与基材之间的附着力。

试验条件：表面漆膜装饰层总膜厚为 0~60μm，用锋利刀片（刀锋角度为 20°~30°，刀片厚度 0.43mm±0.03mm）在测试样本表面划 10×10 个 1mm×1mm 小网格；涂层总膜厚为 60μm 以上，在测试样本表面划 5×5 个 2mm×2mm 小网格，每一条划线应深及涂层的底层；用毛刷将测试区域的碎片刷干净；用黏附力（10±1）N/25mm 的胶带牢牢粘住被测试小网格，并用指甲挤压胶带（注意指甲不能破坏胶带），赶走胶带与涂层之间的气泡，以加大胶带与被测区域的接触面积及力度；静置（90±30）s 后，用手抓住胶带一端，在反向 60°方向，0.5~1s 内扯下胶带，试验 1 次，试验后再用 5 倍放大镜检查油漆涂层的脱落情况。

参考标准：划格之后及粘贴胶带后，各进行一次判定。表面漆膜装饰层：壳体达到或者超过 4B 时为合格（塑料电镀壳体需达到 3B 要求）；对于膜厚超过 60μm 的外壳，2mm×2mm 的百格≥4B，同时 1mm×1mm 的百格≥2B，1mm×1mm

的百格为参考要求。表 11-5 为附着力测试判断标准。

表 11-5 附着力测试判断标准

等级	描述	脱落图例
5B	切割边缘完全平滑,无一脱落	
4B	在切口交叉处有少许涂层脱落,但交叉切割面积受影响不能明显大于 5%	
3B	在切口交叉处和/或沿切口边缘有涂层脱落,受影响的交叉切割面积明显大于 5%,但不能明显大于 15%	
2B	涂层沿切割边缘部分或全部以大碎片脱落,和/或在格子不同部分上部分或全部脱落,受影响的交叉切割面积明显大于 15%,但不能明显大于 35%	
1B	涂层沿切割边缘大碎片剥落,和/或一些方格部分或者全部出现脱落,受影响的交叉切割面积明显大于 35%,但不能明显大于 65%	
0B	剥落的程度超过 1B	

11.3.2 RCA 纸带耐磨测试

试验目的:测试手机表面涂料涂层耐磨耗性能。

试验条件:用专用的耐磨测试仪及生产的专用的纸带(11/16 inch 宽×6),施加 175g 的载荷,带动纸带在样本的表面连续摩擦规定圈数。本试验必须在 40%~60% 湿度的室温房间内进行。纸带保存在 40%±5% 湿度、24℃±2℃ 的环境中。

参考标准:测试位置要求:不显露底材,不同工艺测试圈数要求见表 11-6。

表 11-6 耐磨测试要求

PU 烤漆/五金电泳	UV/NVCM/电镀	弹性漆/屏蔽罩涂层
150 圈	200 圈	50 圈

11.3.3 酒精摩擦测试

试验目的:测试涂料涂层抗酒精性能。

试验条件:用无尘布蘸满无水酒精(浓度≥99.5%),包在专用的测试头上(包上无尘布后测试头的面积约为 $1cm^2$),施加 500g 的载荷,用专用仪器以 40~50 次/min 的速度,40mm 左右的行程(可根据产品调整,需要覆盖测试区域),在样本表面来回擦拭。

参考标准:试验完成后以涂料涂层表面无明显褪色、透底(露出底材)时为合格(不同类型的涂层要求如表 11-7 所示)。

表 11-7　酒精摩擦测试要求

弹性漆壳体	印刷	其他涂层
100 个循环	弹性漆表面印刷 100 圈/其他涂料表面印刷为 200 圈	250 个往复

11.3.4　橡皮摩擦测试

试验目的:测试印刷层表面的耐磨耗性能。

试验条件:用专用的橡皮,施加 500g 的载荷,以 40~60 次/min 的速度,以 20mm 左右的行程,在样本表面来回摩擦 50 个循环。

参考标准:允许连续的图文在测试后,发生线状缺失,以宽度表示,小于 0.2mm 可以接受,超出不接受。允许测试后图文颜色变浅,但是字体需要清晰可辨认,字符不可辨认,不接受;允许笔画的起始和结束位置缺失该笔画的长度的 1/5,同一个笔画只允许有一个位置缺失,超出不接受。

11.3.5　铅笔硬度测试

试验目的:验证涂层的硬度是否符合使用要求。

试验条件:用规定硬度的三菱试验铅笔芯,以 1kgf 压力,铅笔芯与待测表面的夹角为 45°,在待测位置划 5 笔,每笔长 5~10mm。

参考标准:①外表面不允许有压痕及划痕,24 小时内可恢复的压痕不判问题;允许起始位置(总长度 1/5)的微小划痕;②弹性漆可以划破涂料层,但不可出现涂层成片被卷起的情况;③屏蔽罩允许划痕,不划破至底材;④具体接受标准如表 11-8 所示。

表 11-8　铅笔硬度测试标准

弹性漆壳体	普通复合板材	超硬板材(以产品规格为准)
2H	2H	6H

11.3.6　低温存储

试验目的:该试验主要是确定涂层在低温气候条件下暴露后的性能。

试验条件:试验温度值:-40℃;低温保持测试时间:72h;温箱温度变化速

率：1℃/min。

参考标准：涂层外观无异常，无脱落，无裂纹，无变色等异常；涂层附着力需要达到常规附着力测试等同的要求。

11.3.7　高温存储

试验目的：该试验主要是确定涂层在高温气候条件下暴露后的性能。

试验条件：试验温度值：70℃；高温保持时间：72h；温箱温度变化速率：1℃/min。

参考标准：涂层外观无异常，无脱落，无裂纹，无变色等异常；涂层附着力需要达到常规附着力测试等同的要求。

11.3.8　盐雾测试

试验目的：该试验主要是确定结构件对盐雾气候环境影响的抵御能力。

试验条件：在35℃±2℃的密闭环境中，湿度＞85％，用质量分数5％±1％的NaCl溶液（pH值在6.5～7.2范围内）连续对样品进行盐水喷雾；有表面处理层的需要进行附着力测试；测试时间以合格判定中各测试对象的条件为准。

参考标准：试验结束后立即检查及常温放置2h检查，均需满足如表11-9所示要求。

表11-9　盐雾测试标准

类型	测试时间	合格判定	备注
外壳表面（一/二级外观面）	48h	①涂料涂层外观无异常,外观无明显变化,如锈蚀、变色及表面处理层剥落等； ②涂料涂层附着力需要达到常规附着力测试等同的要求	

11.3.9　抗冲击测试

试验目的：检验结构件熔接线位置、开孔位置及指定位置强度是否满足使用要求。

试验条件：不同的塑料材料、不同产品定义的冲击重量和高度都会有差异，可根据客户对品质的要求制定参数。

参考标准：不允许出现断裂、脆裂（由脆性变形导致），可接受部分撕裂（由塑性拉伸变形导致）状态；落球撞击面出现涂料涂层成片状崩裂，需要进行全套涂层测试综合判定。

11.4　制程检验管理

注塑过程中，制程检验管理是相当重要的，一旦失控，可能会造成不良品一直在生产，对于公司来说，不仅造成在塑料材料、人工费用、机器设备方面的持续浪费；同时也会影响客户交货期，一些高要求的客户，对延期会有很严重的罚款。

11.4.1 制程检验控制

① 首件检查　当换新模具、模具维修、停机再生产或更换材料的时候，检查人员要在注塑工程师调好产品半小时内，对首件进行检查，并将检验结果填写在检测记录单上，保存下来。当产品检验合格后，继续生产；有轻微缺陷，知会注塑工程师，调机整改后生产；有严重缺陷，立即停止生产，通知相关责任人，研讨问题对策，以及下一步的行动计划。

② 过程检验　检查人员根据检验指导书、图纸、开机首件等相关标准对生产过程进行巡检。外观性的检查一般每两个小时确认一次，功能性的检查一般每班次确认一次。把每次的检查结果填写在记录本上。

③ 制程异常处理　针对产品的严重缺陷问题，由检查人员填写不合格报告书，车间班组长确认后，组织车间技术人员、生产计划人员进行分析和提出改善对策。对于连续发生的重大缺陷问题，检查人员需要加大巡检的频次，确认改善对策后的样品，确保生产稳定持续进行下去。

④ 检查人员在生产过程中发现不合格产品时，应在产品上用红色标识指出，生产批次盖上不合格章，待班组长确认后，由其安排人员将不良品放置隔离区管制。通过各部门一致确认后，返修或报废。

11.4.2 制程检验的主要工作内容和注意事项

① 及时做首件检验，包括开机首件。

② 及时向工艺人员、班组管理人员反馈首件检验不合格的信息，必要时开"不合格报告"。

③ 做首件检验时，必须要向操作人员交代清楚产品的质量自检要求，并在产品上面标注一些关键质量特性及控制点。

④ 按规定进行巡检，关键产品的巡检周期一般为 2h。

⑤ 巡检抽样数为 8~10 件，不同企业要求不同。有些企业按 5 模产品进行抽检。

⑥ 巡检时要仔细，认真对照样件（开机首检）。

⑦ 巡检时严格执行检验文件的规定进行抽样、送样，检测尺寸、色差和装配检查等。

⑧ 巡检时发现属于操作人员工作方法不当造成的不合格，则立即纠正操作人员的做法。如果未能得到改善，则需要向生产组长和主管反馈，并对已生产出的不合格产品进行标识隔离。

⑨ 巡检时发现不合格产品是属于生产工艺问题造成的，则及时向当班工艺人员反馈，要求其改善并对此事进行跟踪处理，对已生产不合格品做出处置和隔离。如果问题得不到解决，则要及时向上级主管反馈。

⑩ 严重不良且批量超过 2h 产量的不良品，均要开出"不合格报告"提交给相关责任部门进行整改。

⑪ 对于不能判断的质量问题要向检验主管反馈，反馈问题时一定要将问题描述清楚。

⑫ 检验人员必须按要求及时填写检验记录表格，特别是检测数据的记录必须真实可靠，任何记录均有检测人的亲笔签名和日期。

⑬ 检验人员有责任把产品的问题传递给到下一道工序或成品检测人员。

11.5 出货检验管理

出货检验管理是企业最后一道检验关口，如果通过了，产品就会直接流到客户端。塑料产品仅注塑出来就直接出货给客户，检验项目和检验频次相对来说会少一点。当塑料产品还需要进行组装成品或半成品的话，过程中还会有检验人员进行抽检或全检，根据客户对品质的要求进行选择。

11.5.1 出货检验主要工作内容

出货检验人员对产品的尺寸、重量、功能、数量等进行检验，若发现不符合要求，则针对全部的抽样样品检验。当判定不合格时，出货检验人员将不良状况记录于"不合格报告"，经检验主管确认后，由出货检验人员在产品外箱标签盖红色不合格章，并在检验报告书上记录其检验结果。不合格按权限进行评审处理，在检验主管能力范围内可以妥善处置的，由检验主管主持召开会议。如果不合格批量超出权限，由上一级质量管理人员负责组织生产、技术、质量人员召开会议，要求责任部门进行改善。

判定返工的由车间、技术、质量人员针对不良确定返工流程进行返工。出货检验人员对其返工流程进行检查。如果没有处理方案，则扣留产品。所有的返工作业需要在指定的区域进行作业。返工完成后，检验人员应执行复检。

如果判定合格，加盖蓝色的出货检验标识章，执行出货作业。出货检验标识章由检验日期、检验场所、检验人员代码组成。

11.5.2 出货检验工作注意事项

① 出货检验人员每天按照出货检验计划及时完成检验任务。

② 出货检验人员严格按照检验指导书、样板、图纸、技术文件的要求进行检验。

③ 发现不合格时要及时开出"不合格报告"，将其传递至相关部门进行评审处理，同时要将不合格品用红色的不合格章进行标识隔离。

④ 所有返工处理的产品均需要进行再次复检确认。

⑤ 多数产品的出货检验，以产品功能和特性为检验项目。

第 12 章 塑料产品报价

注射成型的前期阶段是塑料产品的报价工作。如果没有产品的报价，无法确认产品是否可以产生利润，任何企业都不会去生产产品的。目前行业对于塑料产品报价存在两种情况。第一种就是一个全新的产品，企业并没有生产过，没有生产经验，存在多数不确定因素，所以这种情况的报价偏差性较大。第二种是模具由模具企业完成加工，客户转移模具到注塑工厂生产。注塑工厂首先会进行试作，对注塑生产过程进行模拟后，排除不确定因素，再进行产品的报价，这种情况的价格对于注塑工厂来说，更有把握。

12.1 塑料产品的报价

把塑料产品的报价工作做好，首先就得了解产品的性能，如装配、外观、使用性能。塑料产品的价格是由模具的结构、注塑工艺相关参数及注塑产品的后处理工艺综合决定的。塑料产品价格是否具备优势将决定公司能否承接更多的注塑生产订单，报价是能否盈利的关键步骤。

塑料产品总价=塑料材料费+注塑加工费(包含注塑机的投入分摊、人工和管理费用)+后处理费用(如喷油、激光、丝印、电镀)+产品包装价+产品运输费用。

注意：以上计算公式并未包含注塑工厂的盈利，因为每个企业对于盈利的最低限度都各不一样，所以差异会较大，要根据企业的具体情况进行计算。对塑料产品报价时，需要涉及采购部、注塑车间、模具部、原料供应商、包装供应商及后处理供应商。为了保证报价的准确性与时效性，每报一次价格，都要询问相关配件的价格。

12.1.1 塑料产品重量的计算

塑料产品的重量主要包括产品的重量和回料的重量总和。需要注意的是同一套注塑模具，使用不同注塑材料成型，会造成产品重量的差异。

塑料产品的重量＝产品体积×塑料材料的密度。体积计算有两种方法：①塑料产品有3D图档时，使用电脑软件进行计算。②如果没有3D图档，需要根据2D图档，利用基本的长、宽、高进行大概的估算或者根据客户提供的样品进行称重估算。表12-1为常用塑料产品密度参照表格。

表12-1 各种材料密度参考值

塑料种类	密度/(g/cm^3)	塑料种类	密度/(g/cm^3)
聚苯乙烯	1.04～1.06	有机玻璃	1.17～1.20
高抗冲击聚苯乙烯	0.98～1.04	低密度聚乙烯	0.92～0.93
ABS	1.04～1.07	高密度聚乙烯	0.94～0.97
AS	1.04～1.08	聚丙烯	0.90～0.91
耐热聚苯乙烯	1.05～1.11	尼龙	1.1～1.14
硬聚氯乙烯	135～1.55	尼龙1010	1.04～1.06
氯乙烯-乙酸乙烯共聚物	1.35～1.55	聚碳酸酯	1.2
软聚氯乙烯	1.16～1.35	共聚甲醛	1.42
丙烯酸树脂	1.17～1.20	聚三氟氯乙烯	2.1

案例：比如PP材料，产品的体积为1650mm^3，估算产品的重量。

产品重量＝0.9×1650/1000＝1.485（g），注意这个重量是基本数值，在注塑生产过程中是会存在损耗的，不同注射成型企业会根据公司的实际情况进行增加，一般情况下按5%的比例。所以产品所需材料重量为＝1.485×1.05＝1.559（g）。

12.1.2 各种原料价格的单价预估

塑料原料的单价是因时间和不同供应商而改变的，不是一成不变的。其价格由采购员提供当时价格，紧急情况下也可以直接联络材料厂商进行询价。表12-2为不同塑料材料的参考价格，仅供学习。

表12-2 塑料材料单价参考值

材料	价格	材料	价格
PET(CB651S)	10元/kg	ABS(777D)	20港元/kg
PA66(70G33)	37元/kg	GPPS(666H)	11.2港元/kg
PBT(BK655)	45元/kg	TPE(3180A)	44港元/kg
PA66(HTN51G35)	73元/kg	TPE(SR800-N60)	21港元/kg

续表

材料	价格	材料	价格
PC+10%GF(500R)	36.4 港元/kg	ABS+PC(T65)	32 元/kg
ABS(PA757)	11.5 港元/kg	PC(320LE)	43 元/kg
PC(2805)	21.5 港元/kg	PP(5090T)	12 港元/kg
LDPE(3000)	18.6 元/kg	HDPE(M20056)	18 元/kg
PMMA(VH001)	18.8 元/kg	PC(940)	37 元/kg
POM(7520)	12.9 港元/kg	LCP(E130I)	125 元/kg
PP-BJ750	12 元/kg	MAC-301	29 元/kg
PP-J642	12.2 元/kg	ABS RS-800	24.5 元/kg
HIPS 1300	13.3 元/kg	GPPS 535N	11.4 元/kg
HIPS 960	23.1 元/kg	POM M90-44	15.3 元/kg
LDPE 2426	11.8 元/kg	PA66 A3K	35.9 元/kg
PC 1201-10	23.3 元/kg	ABS 121H	16.3 元/kg
PA66 A3EG6	29.3 元/kg	ASA PW-957	23.4 元/kg

12.1.3 材料费用的估算

塑料材料费=材料重量×材料单价。材料重量由产品重量和浇口及流道的重量组成。产品的重量变化很少，主要就看回料的重量了。流道越长，产生的回流就会越多，浪费的原料也多，造成产品的单价就高。所以在设计模具时，流道要尽量短，这样注射压力损失也就越小，原材料浪费也小。注塑产品中，废料的损失多少，注射压力的损失多少，都会影响产品的价格。

案例：一个产品单重为 2g，流道为 6g，每一模 4 个产品，所用材料为 ABS 121H，请计算材料费用。

每一模的材料费用为：(2×4+6)×1.05×16.3/1000＝0.239（元）

12.1.4 注塑过程中费用的估算

注塑加工费用，涉及的方面较多，主要费用如下：注塑加工费＝损耗的水电费＋机器磨损费＋人工费。根据行业的相关经验得出，对于小型注塑机，注塑一般品质的小产品而言，注塑加工费为：0.01～0.015（元/s）。表 12-3 为注塑机台、人工成本及相关变动成本估算参考表格。

表 12-3　注塑成本参考值　　　　　　　　　单位：元/h

设备	型号	设备折旧	电费	人工费	辅助设备	管理费	其他费	合计
精密注塑机	25t	11	5.6	6.9	0.29	1.72	1.72	27.17
	50t	15	10.4	6.9	0.57	1.72	0.57	35.17
	80t	18.75	10.4	8.62	0.57	1.72	0.57	40.64
	100t	25	11.2	8.62	0.57	1.72	0.57	47.69
普通注塑机	80t	2.19	1.6	6.9	0.57	1.72	0.57	13.56
	120t	2.5	1.6	6.9	0.57	1.72	0.57	13.87
	160t	3.44	1.6	6.9	0.57	1.72	0.57	14.81
	200t	5.31	1.60	6.9	0.57	1.72	0.57	16.68
	250t	5.94	1.60	6.9	0.57	1.72	0.57	17.31
	300t	8.13	1.60	6.9	0.57	1.72	0.57	19.5

设备折旧＝设备购价/(折旧年份×12×30×每天使用时间×0.9)

电费＝设备总功率×电价

人工费＝平均工种工资/(每月出勤天数×每日工作时间)

精密注塑机：报价费率以普通注塑机折旧的 4 倍（精密注塑机购买价格约为普通注塑机的 3 倍，折旧时间以普通注塑机的 1/2 计算），其他成本不变计算得出，根据各公司差异而不同。

辅助设备费＝辅助工具平均价格/月平均使用时间

管理费＝部门分摊的管理人员工资/(月出勤天数×日工作时间)

其他费＝油、气、水及劳保用品费

通过以上表格数据发现，设备的费用是固定的，唯一没有固定的就是影响注塑人工成本的产品成型周期。简单的产品，模具简单，它在成型时所花费的周期短，消耗的电费少，人员损耗少，机器磨损少，所以价格就会低。大模具，厚的产品，有斜顶、行位、气缸的模具，在成型过程中，注射时间长，保压时间长，顶出产品时间长，成型周期长，产品单价就高。在分析产品图档的时候，根据以往的工作经验就要能够估算出产品成型周期，周期与实际越贴近，产品的报价才会越真实。

12.1.5　后处理价格的估算

根据客户的不同需要，塑料产品也会需要进行后处理，比如丝印、喷油、电镀等。这些费用一般都由专业的喷油、丝印、激光工程师提供成本价。表 12-4 为行业的基本参考价格。

表 12-4　后工艺处理参考价格

工序名称	人工成本/[元/(人·小时)]	制造成本/(元/小时)
丝印	15.25	4.98
烫印	14.23	1.73
外接组装	11.89	0.74
组装＋热收缩	11.89	13.72
超声波焊接	13.78	0.65

由于人工成本和制造成本的不断上升，这些后工艺加工的价格每年都会有较大的变动，在报价过程中，需要及时更新基础数据，价格才会更准确。

电镀价格是需要看具体产品才能报价的，根据客户镀层的要求、底漆的要求、产品需要镀的表面积、电镀材料的损耗、人工成本、客户的测试要求综合这些因素报出来的价格。所以产品的电镀价格没有一定的计算模式，都要根据电镀厂商的实际报价为准。作为产品开发人员，需要联系电镀厂商报价，一定不可以盲目估算。

12.1.6　产品包装价格的估算

产品包装是要根据产品的要求（透明的，喷油的，还是丝印）选择包装方式。具体相关事宜，到相应的包装车间主要负责人询问相关过程，再进行评估。包装材料主要包括如下：纸箱，珍珠棉，泡泡袋，纸皮，标签。纸箱价格一般在 6～10 元/个，纸托在 1.5～3 元/个，标签、说明书 0.1～0.3 元/个，珍珠棉 0.25 元/m^2，泡泡袋 0.05 元/个。具体价格咨询包装供应商。

12.1.7　产品报价案例分析

案例：电器外壳，一模出 4 腔，成型周期为 30s，120t 的普通注塑机。浇口修理及包装总共需要 1 人。产品单重为 12g，流道总重量为 6g，材料为：ABS 121H，外观无需进行后处理。产品用泡泡袋单个装，一箱为 100 个产品。产品从佛山发往深圳，使用 3t 的货车，装货 50 箱。表 12-5 为运输费用参考价。

表 12-5　运输费用参考价

到达地(出发地佛山)	单位	5t 车/元	3t 车/元
东莞市区	车次	1200	1000
东莞谢岗	车次	1500	1200
广州白云	车次	1000	800
惠州	车次	1600	1200
佛山周边	车次	500	300
深圳	车次	1600	1200

产品总重量＝12×4＋6＝54（g）

单个产品材料费用＝54×1.05/1000×16.3＝0.924（元）

每小时的生产数量＝3600/30×4＝480（个）

单个产品的注塑费用＝13.87(每小时费用)/480＝0.03（元/个）（注意目前市场加工成本上升，此数据已偏低，仅供读者参考学习用）

单个产品包装费用＝人工费＋泡泡袋费用＋纸箱费用＝20/180＋0.05＋10/100＝0.26（元/个）

由于无后处理工艺，所以后处理工艺费用为0。

单个产品的运输费用＝1200/100×50＝0.24(元)

单个产品总费用＝材料费用＋注塑费用＋包装费用＋运输费用＝0.924＋0.03＋0.26＋0.24＝1.454（元）

注意：单个产品的总费用只是基本费用，不能直接报价给客户，需要把不良损耗、税收及利润增加进去才能报价给客户。一般情况下不良损耗按3％～5％计算，税收：17％增值税，加工制造企业的利润按10％～15％计算。

根据以上数据，不良损耗取3％，利润按15％计算。

报给客户的价格＝1.454×1.03×(1＋17％)×(1＋15％)＝2.02（元/个）

12.2 产品、模具、成型的关系

塑料产品、塑料模具、注射成型三部分是相互关联、互相影响的，最终都是为了一个目标，做好一个产品。一个优良的塑料产品，是需要这三部分很好地协调与配合才能保证产品的质量，其相互关系如图12-1所示。

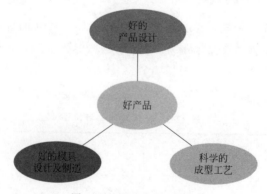

图12-1 影响产品的关系

成型部分包含了模具的部分，而模具部分包含了产品部分，三者是一个由外到里的关系。为了获得好的产品，产品结构、模具设计与制造、科学注射成型都需要按以下的注意事项参考，以提升品质，如表12-6所示。

表 12-6 产品关联的注意事项

阶段	注意事项
产品设计	根据产品特点预先制定工艺策略,确定材料选择、R 角、拔模,最重要的是壁厚均匀、产品装配合理
模具设计及制造	根据产品特点制定工艺策略,确定钢材选择、浇口位置及尺寸、排气、冷却系统、顶针位置、模具强度等
科学的成型工艺	根据既定工艺策略,科学试模流程,有效黏度实验、压力损失研究、型腔平衡实验、浇口冻结实验,开发独立于注塑机稳健的工艺模板
	注塑工程师监督生产执行,解决生产异常;班组长能够理解工艺数据,确定执行,并及时报告异常
	确保机器性能一致,维护保养内容升级

12.2.1 塑料产品设计与注射成型的关系

产品结构设计问题将影响注射成型合格率与成型周期,图 12-2 所示为其结构示意图。

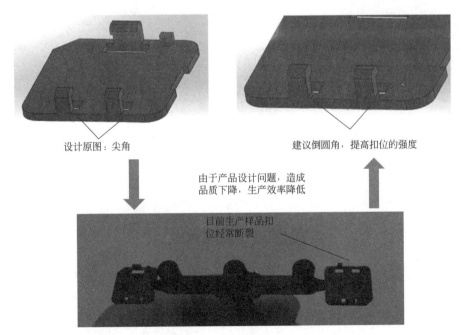

图 12-2 产品结构设计不足

如图 12-2 所示为扣位的一个小圆角对于注塑产品的影响。成型周期快时,产品顶出时就会把扣位拉断,造成品质不良。当成型周期慢时,扣位断裂的不良率有降低,但是无法彻底改善,影响了注塑效率。当然注射成型材料的选择也会有影响,假如选择 PP 材料成型的话,扣位的结构就不会出现问题,选用 LCP 成型材料的话,结构设计就欠合理。因此产品的结构不是一成不变的,是多种因素综合影响的。

(1) 产品设计与成型的关系——厚度对产品品质的影响

产品设计壁厚不均匀,如图 12-3 所示:顶部 2mm,侧壁 1mm,注射时从产品的一端注射到终端。由于壁厚的不均匀性,产品在成型过程中,冷却速率是不一样的,产品产生内应力,产品顶出后,由于内应力的释放而造成产品变形。为了解决这种变形,需要调整产品设计的结构。

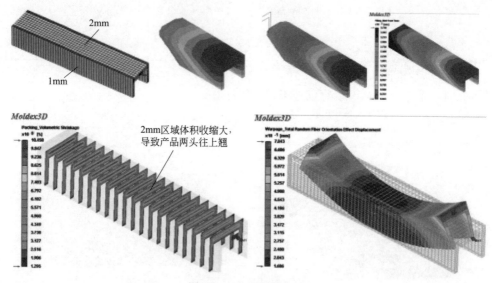

图 12-3 壁厚设计变形

(2) 产品的筋位结构设计不合理造成的变形

如图 12-4 所示,同样的进料方式和进料位置,产品结构设计过程中,筋位的设计,不打断筋位与打断筋位或多处打断筋位,在模流分析过程中,对于产品将来的变形量是有较大差异的,分析结果如上图所示。所以,在产品设计时,对于长条的筋位,可适当地打断筋位,以减少塑件变形。

12.2.2 模具设计与注塑生产的关系

(1) 模具取数对注塑成本的影响

模具企业在对客户报价时,通常都是以价格低来获取客户的订单。对于能满足客户订单需求的情况下,型腔数都尽量取低。但是注射成型过程中,对于型腔数的要求都尽量多,以达到降低成本的要求。

假如一套模具 1 出 4 腔就能满足客户订单需求,模具价格 2 万元一套,而 1 出 8 腔的模具价格为 2.5 万元一套,客户总订单需求量为 400 万个注塑

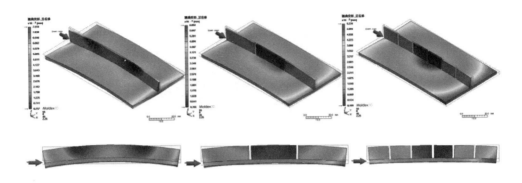

变形量：0.03～0.75mm　　　　变形量：0.03～0.61mm　　　　变形量：0.02～0.52mm

图 12-4　产品筋位设计不合的变形分析

单品。估算注塑机成本为 500 元/天，人工成本为 100 元/天。每个注塑品的利润为 0.05 元。成型周期为 30s，一天按 22h 计算产能，其经济效益分析结果如下：

1 出 4 腔：标准日产量为 $=22\times(3600\div30)\times4=10560$（只）

总生产天数 $=4000000/10560=378.8$（天）

1 出 8 腔：标准日产量为 $=22\times(3600\div30)\times8=21120$（只）

总生产天数 $=4000000/21120=189.4$（天）

1 出 8 腔模具：实际生产节约天数为 $=378.8-189.4=189.4$（天）

实际节约成本为 $=(500+100)\times189.4=113640$（元）

并不是模具越便宜，产品的成本就越有优势。在模具价格稍微高一点的情况下，型腔数尽可能地取多一点，反而对于整个产品的单价以及交货期更有优势。所以在模具设计选定模具取数的时候，是一个很慎重的过程。对于客户和开发工程师来说，需要走出便宜的模具就能够拿到订单的这种误区。

（2）模具冷却对于注塑成本和客户交期的影响

注塑模具设计不合理，会留给注射成型很多潜在的品质问题，并造成注塑效率低下、注塑成本高的影响。

如图 12-5（a）所示，嵌件由于产品形状结构小而设计比较小，造成嵌件上无法增加冷却水路，模具冷却效果差，注射成型周期长。所以在模具设计时，建议在非胶位部分需要加粗，如图 12-5（b）所示，增设冷却水路，缩短产品成型周期。同时由于温度的恒定，对产品品质的稳定性有很好的保证。

如何判断塑料产品的冷却效果的好坏，多少的冷却时间对于塑料产品就足够，这个是塑料材料性质、产品结构和模具结构设计所决定的。表 12-7 为不同塑料材料的经验参考冷却时间，供模具同行参考。

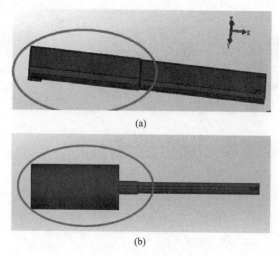

图 12-5 模具结构设计

表 12-7 不同塑料材料壁厚冷却参考时间   单位：s

材料 \ 厚度/mm	0.5	1	1.5	2	2.5	3	3.5	4	4.5
ABS	0.3	1.4	3.1	5.5	8.6	12.4	16.8	22	27.8
PA66	0.2	0.9	2.1	3.8	5.9	8.5	11.6	15.1	19.1
PA6	0.2	0.8	1.9	3.3	5.2	7.4	10.1	13.2	16.7
PC	0.3	1.3	2.9	5.2	8.1	11.7	16	20.8	26.4
HDPE	0.1	0.6	1.3	2.3	3.5	5.1	6.9	9	11.4
LDPE	0.3	1.1	2.5	4.4	6.8	9.8	13.4	17.5	22.1
PMMA	0.4	1.7	3.8	6.8	10.6	15.3	20.8	27.2	34.4
PP	0.3	1.2	2.7	4.8	7.5	10.8	14.7	19.2	24.2
PS	0.4	1.6	3.6	6.4	10	14.4	19.6	25.6	32.5
SAN	0.5	1.9	4.3	7.7	12	17.3	23.5	30.7	38.9

模具设计师根据冷却时间参考值，在模具注射成型过程中进行分析：目前的模具结构设计是否能够按参考值的冷却时间进行生产。如果不能的话，就要优化模具结构，达到预定的冷却时间和冷却效果。

（3）模具冷却与生产成本的关系

模具冷却时间约占注塑周期的 70%～80%，不同产品壁厚所占比重有差异。举例分析：如果一个塑料产品 1 出 8 腔的模具结构设计，使用 250t 的注塑机进行生产（注塑机每天成本为 800 元）。注射成型周期为 20s，一天按 22h 计算。由于模具冷却系统设计不合理，造成冷却时间延长 5s，其对塑料产品成本的影响如下：

标准一天生产的产品数量：3600/20×22×8＝31680（个）

延长 5s 所生产的产品数量：3600/25×22×8＝25344（个）

标准产品的注塑单价为：800/31680＝0.025（元/个）

延长 5s 产品的注塑单价为：800/25344＝0.032（元/个）

假如客户所需求的产品为 100 万个的话，仅模具冷却系统设计为公司节约成本为：1000000×(0.032－0.025)＝7000（元）

从以上的数据分析来看，一个优秀的模具设计师也是可以为公司节约成本、创造效率的。

（4）客户交期的影响

假如每个月客户需求产品 633600 个，生产时间按一个月 22 天来计算。

标准生产天数为：633600/31680＝20（天）

延长 5s 生产天数为：633600/25344＝25（天）

从以上数据分析来看，按标准周期是可以达成客户交期的，而由于冷却原因延长 5s 的成型，会延迟客户交货 3 天，并且工作还无法得到充分的休息，造成人工和设备的费用增加 5 天。

经验总结：通过冷却系统对模具寿命、产品品质、生产成本、客户交货的影响分析可知，模具的冷却系统不仅是模具设计的重要组成部分，也是后续注塑生产和满足客户交货至关重要的影响因子。希望模具设计师强化设计意识，提升模具设计质量，希望企业重视技术人才。

（5）模具设计不合理对注塑成本的影响

如图 12-6 所示嵌件太薄（壁厚仅 0.6mm），嵌件的数量又多，造成嵌件的强度低，装配前存在变形，注射成型生产过程中，嵌件受到注射成型的注射压力，造成嵌件变形，嵌件部位出现飞边。这种无法修理的情况就必然会降低产品的品质。产品的结构，有时可以有很多种的模具设计方案。由于模具设计的结构差异，会降低模具生产的稳定性，同时也会增加模具保养和模具维修次数。

假如产品有较浅的筋位，模具设计可以设计镶拼式模具结构。由于模具嵌件数量的增加，模具产生飞边的概率增大，必然就会停机，下模维修，既影响生产的顺利进行和塑料产品质量的稳定，又会给企业造成经济损失（如：模具维修费、塑料原料/电耗、人工费及机台停产的损失等）。据统计，中小型模具平均每套模具的维修费约为 500 元，原料/电的浪费约 100 元，上下模具的人工浪费约 100 元，机台停产损失的费用约 200 元（共 900 元）。

案例分析：企业的注塑车间有 50 台注塑机，平均每台注塑机生产中，一个月的修模次数为 2 套（次），其经济损失分析的结果如下：

一个月模具维修所造成的经济损失为：2×50×900/10000＝9（万元）

一年所造成的经济损失为：12×9＝108（万元）

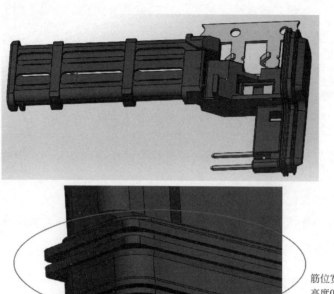

筋位宽度0.3mm
高度0.2mm

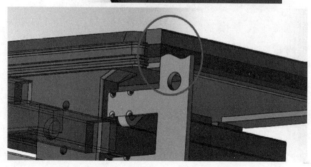

图 12-6 嵌件设计结构

因此,为了减少模具的维修次数,我们需要从设计源头把模具结构设计好后,再规范模具保养过程,降低模具维修次数。所以每个注塑工程师、模具保养人员、模具维修工程师、注塑生产加工人员一定要增强模具保养意识,对模具做好清洁、润滑、保养和防锈工作。

12.2.3 注射成型工艺与模具设计

有些产品经常出现在某些区域已达上标尺寸,但仍有未达下标尺寸的区域的情况,因而产品成型后,出现大小尺寸的不同,无法满足图纸要求,俗称大小头尺寸差异。此问题的产生会导致产品组装时,出现组装不到位或出现明显的断差等问题。如图 12-7 所示为流道不平衡差异。

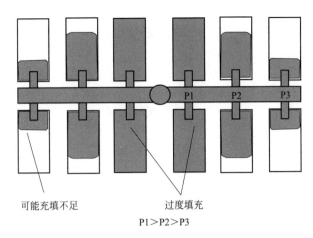

图 12-7 流道不平衡差异

离浇口较近的地方，产品先充满，易造成过度保压，造成产品尺寸偏大，而远端的产品，由于可能出现填充不满，造成产品尺寸偏小。在模具设计时，取数越多，产品精度就越难保证，所以在模具设计时，不是取数越多越好。

模具设计是承接产品开发和注射成型的重要环节，在模具设计过程中，往往会有很多的误区，多数行业人员试图用注射成型工艺去弥补产品设计、材料和模具的缺陷，这样对于注射成型技术的要求会变得更高，注塑工程师的价值体现就越大。

参考文献

[1] 李忠文,朱国宪,年立官. 注塑机维修实用教程[M]. 北京:化学工业出版社,2017.
[2] 梁明昌. 注塑成型工艺技术与生产管理[M]. 北京:化学工业出版社,2016.
[3] 陈巨,李忠文. 注塑机操作技术[M]. 北京:化学工业出版社,2017.
[4] 李青,蔡恒志,曹阳,等. 注塑机辅助设备应用[M]. 北京:化学工业出版社,2013.